U0162625

尹凝霞　谭光宇

著

四冲程自由活塞

天然气发动机研究

 上海科学技术出版社

国家一级出版社
全国百佳图书出版单位

内 容 提 要

本书从基本理论入手,系统阐述了四冲程自由活塞天然气发动机的结构特点、工作原理、循环特性、原理样机与台架试验、性能仿真分析和特性参数。全书主要内容包括四冲程自由活塞发动机理论循环热力学分析、理论热力循环过程㶲分析,四冲程自由活塞发动机原理样机系统设计与试验、三维数值模拟,以及四冲程自由活塞发动机性能影响因素分析。

本书可作为自由活塞发动机研发、设计、制造工程技术人员的参考资料,也可作为高等院校内燃机专业本科生、研究生的教学参考书,还可供其他非传统发动机技术实践与创新工程技术人员参考使用。

图书在版编目(CIP)数据

四冲程自由活塞天然气发动机研究 / 尹凝霞, 谭光宇著. -- 上海 : 上海科学技术出版社, 2021.1
ISBN 978-7-5478-5196-8

Ⅰ. ①四… Ⅱ. ①尹… ②谭… Ⅲ. ①天然气发动机—研究 Ⅳ. ①TK43

中国版本图书馆CIP数据核字(2020)第271317号

四冲程自由活塞天然气发动机研究
尹凝霞 谭光宇 著

上海世纪出版(集团)有限公司
上海 科 学 技 术 出 版 社 出版、发行
(上海钦州南路 71 号 邮政编码 200235 www.sstp.cn)
上海雅昌艺术印刷有限公司印刷

开本 787×1092 1/16 印张 9.25
字数:140 千字
2021 年 1 月第 1 版 2021 年 1 月第 1 次印刷
ISBN 978 - 7 - 5478 - 5196 - 8/TK · 23
定价:59.00 元

前 言

$\mathcal{F}$*oreword* ▶ ▶ ▶ ▶ ▶ ▶ ▶ ▶

    增程式电动汽车和混合动力汽车是当前汽车工业研究与开发热点。基于 Atkinson 循环的自由活塞发动机因其结构简单、燃料适应性广和热效率高等优点,非常适合作为动力装置,用于增程式电动汽车和混合动力汽车。随着汽车工业发展和石油资源日趋枯竭,天然气因资源丰富和清洁燃烧而成为当前汽车替代能源的首选,因而可兼顾现有能源与清洁能源的自由活塞天然气发动机日趋受到重视。

    在环保法规和节能减排要求日趋严苛的今天,二冲程传统发动机因燃烧不充分、污染严重,已被汽车工业淘汰。随着自由活塞发动机研究开发广度与深度的不断拓展,适时提出发展四冲程自由活塞天然气发动机,可充分发挥自由活塞天然气发动机的优势、改善发动机的动力性和经济性。

    本书以试验研究与数值模拟相结合的方法,对四冲程自由活塞天然气发动机全过程进行分析。全书主要内容包括:自由活塞发动机原理样机、热力过程数值模拟计算综述;基于热力学第一定律和第二定律分别建立了四冲程自由活塞发动机理论循环热力学模型和㶲分析模型;搭建了四冲程自由活塞天然气发动机台架试验平台并进行相关试验研究;开发了自由活塞运动规律控制模块,建立了四冲程自由活塞发动机包含进气、压缩、做功和排气的全过程三维数值仿真计算模型;详细分析了主要设计参数对四冲程自由活塞天然气发动机性能的影响,通过对比分析选出最佳参数,为后续自由活塞发动机改进提供参考依据。同时本书成果对于自由活塞发动机发展及其在增程式电动汽车和混合动力汽车上的应用有重要意义。

    本书主要工作是作者在国家自然科学基金(50876043)和国家青年自然科学基金(51207071)支持下完成的,本书的出版受到广东海洋大学校级项目(C15479)资助。作者衷心感谢南京理工大学常思勤教授多年的指导与鼓励,感谢南京理工大学徐照平副教授、刘梁副教授和华侨大学林继铭博士在实验方面的协作。

书中引用了国内外同行公开发表的文献资料,作者在此对他们致以诚挚的感谢和敬意。

由于作者水平有限,书中难免存在不妥之处,敬请广大读者批评指正。

作者

目 录

Contents ▶▶▶▶▶▶▶▶

第 1 章

绪 论

本章简述了自由活塞发动机的研究背景和意义,简要介绍了四冲程自由活塞发动机的概念、分类、发展历程及其多燃料适应性的突出优点,综述了自由活塞发动机原理样机研究现状和数值模拟现状,并分析了天然气作为发动机替代能源的优势、当前应用现状及发展趋势。

1.1 自由活塞发动机研究的背景及意义

传统往复式发动机由于其功率范围宽、适应性好等特点,在过去相当长一段时间内占据汽车动力市场多数份额。依据商务部、国家发展改革委员会 2020 年 4 月 9 日发布会的数据,我国汽车保有量已达 2.6 亿辆,汽车产销量已连续 11 年稳居世界首位,2020 年末我国汽车保有量有望超越美国,成为世界第一大汽车保有国。与此同时,世界范围内汽车保有量大幅增加所带来的汽车排放问题日益严峻,"雾霾"成为 2013 年的年度关键词并出现在人们生活中。2012 年冬天至 2013 年春天包括北京、河北、河南在内很多地方出现长久"雾霾天气",2013 年冬天已蔓延至长三角地区,严重影响了公路交通安全,影响了人们的生活。"雾霾天气"是由于大气受到了污染,而其中全球汽车尾气所造成的污染已经占大气污染的 60.7%,空气污染中 70% 的 CO_2 和 50% 的 NO_x 都是由发动机造成的。空气质量不仅引发专家学者越来越多的关注,普通民众也愈发关注交通工具中的尾气排放问题。

汽车保有量增加引发能源消耗大幅增长,1973 年以来发生多次石油危机,可利用的不可再生石油资源日趋减少,价格居高不下,自 1993 年起我国也成为石油净进口国,2013 年进口石油占石油消费比例逼近 60%,截至 2020 年中国石油需求问题可能超过 7 亿 t,其中超过 70%需要依赖进口,工信部已要求 2020 年商用车新车整体油耗降至 5 L/100 km,接近国际先进水平,2025 年降至 4 L/100 km 左右,达到国际先进水平。能源、环保和安全成为交通可持续发展的三大挑战,也是 21 世纪汽车发展的方向。在欧美等发达国家对汽车需求逐年下降之时,我国对汽车需求逆势上升,因而任务更加艰巨。我国石油消耗量和机动车油耗情况见表 1.1。

表 1.1　我国石油消耗量和机动车油耗情况

项目	2000 年	2005 年	2010 年	2020 年
石油需求量/亿 t	2.26	3.17	3.5	4.5
石油进口量/亿 t	0.79	1.36	1.7	2.7
对外依存度/%	31	42.9	48.6	60
汽车保有量/万辆	1 608.9	3 160	7 000	15 000
机动车油耗/%	33.8	40	43	57

传统汽油机和柴油机分别采用 Otto 循环和 Diesel 循环,Otto 循环发动机存在部分负荷燃油经济性差、泵气损失大和有效膨胀比小等缺点;Diesel 循环发动机存在比重量大、碳烟排放重等固有缺点。因此,在对传统汽油机、柴油机进行技术改进,以期实现节能、环保目的的同时,开发、推广使用新能源汽车显得尤为重要。新能源汽车是指采用非常规车用燃料作为动力来源(或使用常规车用燃料但采用新型动力装置),综合车辆动力控制和驱动方面先进技术,形成技术原理先进,具有新技术、新结构的汽车,它包括纯电动汽车、增程式电动汽车、混合动力汽车、燃料电池电动汽车及氢发动机汽车等。

依据公安部统计数据,截至 2020 年 6 月,我国各类新能源汽车保有量 417 万辆;中国充电联盟网站最新数据显示,截至 2020 年 9 月,全国共有公共充电桩 60.6 万台(图 1.1),数量已居全球首位,其中广东省 7.195 万台、上海市 6.95 万台、江苏省 6.29 万台分列全国前 3 位,但续航里程与充电桩区间覆盖依然是限制新能源汽车发展的两大瓶颈问题。燃料电池汽车和纯电动汽车由于零排放不依赖汽油和柴油而备受瞩目,氢气来源与供应尚未解决且成本居高不下,燃料电池汽车产业化还需时日;电池能量密度和功率密度相对较低,限制了纯电动汽车续航里程的提升。

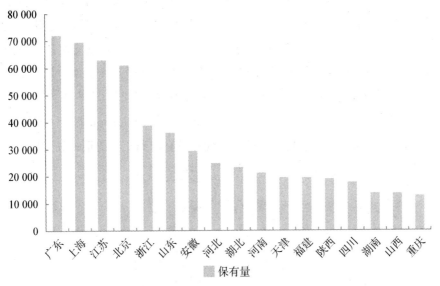

图 1.1　公共充电桩国内分布

在不断改进充电技术、提高电池功率密度以提高新能源汽车续航里程、增加充电桩数量和优化充电桩布局前提下,采用新的热力循环、开发新型动力装置和选用清洁燃料显得尤为重要,采用高膨胀比 Atkinson 循环、使用清洁燃料的增程式电动汽车和混合动力汽车成为国内外研究热点。增程式电动汽车以内燃机-发电机组为辅助动力,可有效解决目前纯电动汽车续航里程不足的问题;混合动力汽车是纯电动汽车开发过程中衍生出的一种新能源汽车,采用发动机和电机作为动力。增程式电动汽车和混合动力汽车既可应用现有汽车先进技术与基础设施,还可为未来纯电动汽车及燃料电池汽车的发展和推广应用奠定基础,因此增程式电动汽车和混合动力汽车作为由传统汽车向纯电动汽车和燃料电池汽车过渡过程中车型,目前阶段非常具有发展潜力。2011年 11 月 21 日,依据传统 1.4 L 汽油机改造而成、有增程式电动汽车"鼻祖"之称的雪佛兰 Volt 沃蓝达正式上市,其作为推动美国新汽车发展的新锐力量,上市之初得到了美国政府支持,但由于成本问题在中国销量不佳。

　　Atkinson 循环发动机是由英国工程师 James Atkinson 于 1882 年发明的一种内燃机。该发动机最大特点是吸气和压缩行程比做功和排气冲程短,膨胀比不再与压缩比相同,并通过活塞和飞轮间特殊曲轴和连杆机构实现(图 1.2),但因其结构非常复杂,以致其复杂的连杆机构和摩擦损失抵消了燃油效率的提高部分。此后又出现了改进的 Atkinson 循环,通过进气门早关(在进气冲程结束前,提前关闭进气门),进而减小有效压缩比使得有效压缩比小于膨胀比,此循环发动机亦被称为 Miller 循环发动机。Miller 循环发动机在低负荷下更省油,但由于有效压缩比的减小,其存在着高负荷下功率不足的缺点,因此 Atkinson 循环和改进的 Atkinson 循环(或者说 Miller 循环)在过去追求高动力性的时代并没有得到充分的重视和发展。

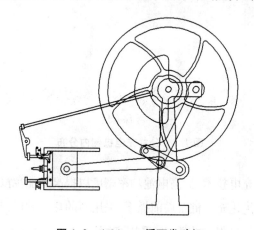

图 1.2　Atkinson 循环发动机

　　近年来,随着节能减排压力增加,Atkinson 循环重新获得研究人员青睐。Atkinson 循环可与自由活塞巧妙结合起来,基于 Atkinson 循环的自由活塞直线发动机取消了曲轴,活塞通过连杆与直线电机动子相连,由于活塞运动不再受机械装置约束、运动相对自由,由此得名"自由活塞",活塞往复运动驱动直线电机发电,实现燃料化学能转变为电能并输出,减少了能量传递与转换环节,且自由活塞运动自由度高,便于实现 Atkinson 循环,因此基于 Atkinson 循环的自由活塞发动机非常适合作为增程式电动汽车和混合动力汽车的动力装置。所以,在纯电动汽车和燃料电池汽车续航里程不足及高成本问题尚未解决之前,增程式电动汽车和混合动力汽车成为当前汽车行业的一个重要分支,基于 Atkinson 循环的自由活塞发动机重新获得重视,运动相对自由的活塞可以很方便地实现膨胀比大于压缩比,不再牺牲部分动力性以换取燃油经济性。因此,基于 Atkinson 循环的自由活塞发动机被认为是当前增程式电动汽车和混合动力汽车理想的动力装置。

1.2　自由活塞发动机简介

自由活塞发动机与常规发动机相似,区别在于前者取消了曲轴机械结构限制,活塞运动相对自由,活塞通过连杆直接与直线电机动子或液压泵活塞相连,活塞上下往复运动带动直线电机动子或液压泵活塞上下往复运动,进而将燃料化学能通过燃烧膨胀做功转变为电能或液压能等对外输出。

1.2.1　分类及特点

1) 依据活塞及其连接部件分类

自由活塞发动机可分为液压自由活塞发动机(自由活塞与液压泵活塞刚性连接)和自由活塞直线发电机(自由活塞与直线电机动子相连),如图1.3 所示。

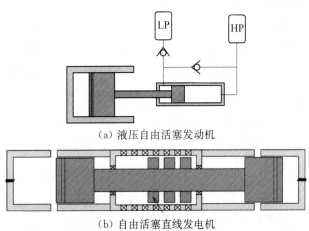

(a) 液压自由活塞发动机

(b) 自由活塞直线发电机

图 1.3　自由活塞发动机

　　液压自由活塞发动机功率密度较高,可达 981 W/kg,响应快,但传动效率低,主要用于负载变化范围宽的工程机械。

　　自由活塞直线发电机环境适应性好,非常适合作为动力装置装载于增程式电动汽车和混合电动汽车上。

　　2) 依据活塞数量及其布置方式分类

　　自由活塞发动机可分为单活塞式、对置活塞式和双活塞式三种,二冲程自由活塞发动机如图 1.4 所示。

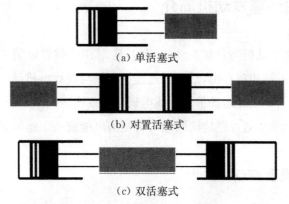

(a) 单活塞式

(b) 对置活塞式

(c) 双活塞式

图 1.4　二冲程自由活塞发动机

　　单活塞式自由活塞的特点是结构简单、控制方便,但须有回复装置。

　　对置活塞式和双活塞式自由活塞发动机的优点是功率密度高,但两侧气缸燃烧易相互影响,难以实现精确控制。

　　3) 依据工作循环方式分类

　　自由活塞发动机可分为二冲程自由活塞发动机和四冲程自由活塞发动机两种,现在研发的自由活塞发动机以二冲程居多。West Virginia University 设计的双活塞式二冲程自由活塞发动机是其中非常典型的一款二冲程自由活塞发动机,如图 1.5 所示。

　　二冲程自由活塞发动机的优点是结构紧凑、体积小、重量轻及相同排量下拥有更高的功率,二冲程发动机由于其自身结构限制,存在换气效率低、燃烧质量差、排放差、环境污染大和噪声大等缺点,已被汽车淘汰,目前主要用于一些中低端摩托车和追求能量重量比的无人机、摩托艇和园林设备等。

　　目前已报道典型的四冲程自由活塞直线发动机有以下几个:最早公开

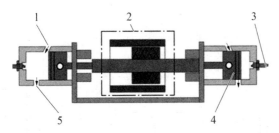

1—进气孔；2—直线电机；3—火花塞；4—自由活塞；5—排气孔

图 1.5　West Virginia University 二冲程自由活塞发动机

报道的四冲程自由活塞直线发动机由 West Virginia University 设计,四个自由活塞通过一个"H"架相连,四个气缸分别工作于四个不同的冲程,总有一个气缸工作于膨胀冲程,但每个气缸自身工作实际上基于二冲程思想设计的(图 1.6),二冲程自由活塞的缺点依然存在,因此这并非真正意义上的四冲程自由活塞发动机。

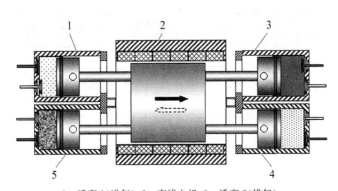

1—活塞 1(进气)；2—直线电机；3—活塞 2(排气)；
4—活塞 4(压缩)；5—活塞 3(膨胀)

图 1.6　West Virginia University 四冲程自由活塞发动机

2008 年由南京理工大学设计的自由活塞发动机是第一种真正意义上的四冲程自由活塞发动机(图 1.7),各个气缸既可以独立运行,又可以单缸工作,也可以多缸同时互不干扰工作,直线电机可通过在发电和电动两种模式间切换改变电磁力的方向与大小进而控制自由活塞的运动。

美国环境保护署(Environment Protection Agency)研制了四冲程六缸液压式自由活塞发动机,如图 1.8 所示。采用压燃缸内直喷(CIDI)技术,额定功率 54 kW、额定转速 1 500 r/min 时,峰值液压效率可达 39%;国内浙江

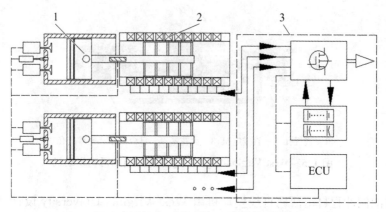

1—自由活塞；2—直线电机；3—输出控制部分

图1.7 南京理工大学四冲程自由活塞发动机

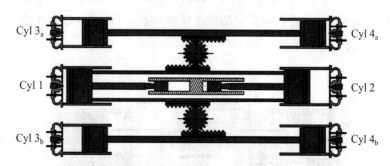

图1.8 美国环境保护署四冲程六缸液压式自由活塞发动机

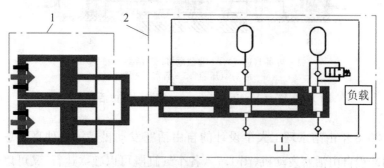

1—自由活塞；2—液压装置

图1.9 浙江大学四冲程双缸单活塞液压式自由活塞发动机

大学谢海波团队提出的四冲程双缸单活塞液压式自由活塞发动机如图1.9所示，其相比二冲程自由活塞发动机换气效率提高了15％。

发动机是一种把其他形式的能转化为机械能并实现能量传递的装置，

其常用的能量为燃料化学能,由于每种燃料特性不同,为了使每种燃料充分燃烧,其最优压缩比是不同的,传统发动机由于其几何结构固定,其压缩比也是确定的,因此其几何结构只能使得燃烧某一种燃料性能达到最佳。自由活塞发动机由于取消了曲柄连杆机构的机械约束,活塞处于相对自由状态,活塞运动的上、下止点位置可以变化,因而其压缩比可在一定范围内自由调节,使得燃用多种燃料,并且每种燃料燃烧都能取得较优性能成为可能。

与传统四冲程发动机相比,自由活塞发动机具有以下优点:结构简单、制造成本和维护成本低;运动部件少(只有自由活塞与直线电机动子),减小了摩擦力、曲轴不平衡旋转质量所产生惯性力、连杆往复运动所产生惯性力等;活塞运动自由,通过控制活塞运动规律实现低压缩比与高膨胀比结合,提高了发动机热效率。多燃料适应性好,并且每种燃料都能实现最优燃烧而不受其他燃料物性限制。

与常规发动机相比,取消了机械结构约束的自由活塞发动机加速度远大于传统发动机中活塞加速度,这种情况下要实现对活塞运动精确控制难度较大。

1.2.2　应用发展历程

自由活塞发动机概念被公认为由法国的 Pescara 最早提出,这是因为 1928 年 4 月 Pescara 申请的专利获批,他早在 1922 年就已开始进行自由活塞发动机方面的研究,并分别于 1925 年和 1928 年开发了点燃式和压燃式自由活塞发动机原理样机。与此同时,德国的 Junkers 等也一直从事自由活塞发动机的相关研究。

其间相当长一段时间内(1940—1960 年),对自由活塞发动机的研究应用主要集中在自由活塞燃气轮机和自由活塞空气压缩机领域,并且开始有正式产品出现。1946—1949 年,法国 SIGNA 公司制造的 GS-34 型大功率可作为船舶、电站动力的自由活塞发气机(功率达 919 kW),之所以称为发气机是由于当时研制的机器不输出机械功,而是输出一定流量、一定温度的高温燃气,通过气轮机对外膨胀做功;英国 Free Piston Engine 公司于 1942 年开始与当地海军部门合作研究,并试制成功 CS-75 型自由活塞发气机,其功率为 309 kW；美国 GM 公司于 1943 年开始进行自由活塞发动机方面研究，并成功研制出 GMR4－4 型双缸自由活塞发气机，功率为 183.9 kW。我国也于 1958 年开始进行自由活塞燃气轮机研制，并研制成功 ZD-115 自由活塞样机。另外苏联、联邦德国等国家在此段时间都先后成功研制出自由活塞燃气轮机，并投入使用，这也是自由活塞发动机的成熟阶段。但由于受当时技术水平限制，燃气涡轮工作温度范围窄，导致其燃油经济性较差，后期随着涡轮增压发动机技术的发展与成熟，20 世纪 60 年代末开始自由活塞燃气机被逐渐淘汰，但因自由活塞其独特结构在发动机的发展史上还是留下浓重的一笔，自由活塞直线压缩机依然在研究使用。

随着能源供应日趋紧张、排放标准愈发严苛和控制技术日益成熟，从 20 世纪末开始，自由活塞这一非常规发动机重新进入研究人员视野，尤其是自由活塞跟直线电机相结合的自由活塞直线动力装置，因非常适合作为增程式电动汽车和混合电动汽车动力装置而备受关注。

1.3　自由活塞发动机研究现状

传统发动机作为一种高效、耐久的动力装置，由于其具有热效率高、适应性好和功率范围广等优点，已广泛用于工业、农业、交通运输和国防建设等多个领域，在国民经济发展中发挥着至关重要的作用。当前，能源危机不断加剧，排放法规要求日益严格，对发动机的动力性、经济性、可靠性和排放提出了更高的要求，而新型动力装置只有在热力过程上优于传统发动机，可使用多种燃料、热效率高、并且排放低才会有市场。

关于自由活塞发动机的研究，早期主要是基于试验研究，而后随着计算机技术与计算机辅助工程（computer aided engineering，CAE）、计算流体力学（computational fluid dynamics，CFD）技术飞速发展，运用多维数值仿真计算方法研究内燃机热力循环过程，指导内燃机发展与优化成为可能，并且可提高设计质量、缩短研制周期，因此下节主要从原理样机试验研究和数值模拟研究两方面介绍自由活塞发动机研究现状。

1.3.1　原理样机试验研究现状

对发动机热力过程的研究,早期主要以试验为研究手段,国内外对自由活塞发动机重新投入精力研究并研制出原理样机始于 20 世纪末。

1）国外

加拿大里贾纳大学(University of Regina)较早开始进行自由活塞内燃直线发电机方面的研究,早在 1991 年就建立了单缸二冲程自由活塞直线发电机样机(图 1.10),活塞直径 30.48 mm,冲程 26.7 mm,并设有弹簧在活塞向外膨胀时吸收能量用以进行压缩,这也是自由活塞内燃直线发动机的雏形。

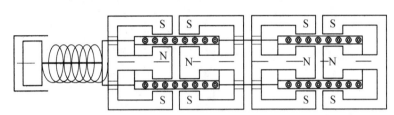

图 1.10　加拿大里贾纳大学自由活塞发动机

捷克理工大学(Czech Technical University)成功开发的双活塞二冲程点燃式自由活塞发动机样机如图 1.11 所示,在相对精确控制的前提下实现了稳定运行,样机在单缸工作容积为 50 ml、压缩比为 9、工作频率 27 Hz时,对外平均输出功率为 350 W,虽然系统效率不高,但是可确保系统在发生失火等非正常燃烧情况下连续稳定运转。

图 1.11　捷克理工大学自由活塞发动机样机

美国西弗吉尼亚大学(West Virginia University)对自由活塞发动机研究领域贡献很大,继 1998 年研制出第一代样机后,于 2000 年完成了第二代样机的制作(图 1.12),两代样机均采用二冲程工作循环,双活塞分别置于对置气缸中。第一代样机以汽油为燃料、火花点火、缸径 36.5 mm、最大冲程 50 mm,工作于 23 Hz 频率下,样机最大输出功率 780 W,但发电效率低;第二代样机改用柴油为燃料压缩点火,在缸径增大至 76 mm,活塞最大冲程增至 71 mm 时,样机实际测得输出功率增至 1.08 kW,但系统发电效率仍较低,只有大约 11%,这亦成为较成功的二冲程自由活塞发动机样机,具有里程碑意义。

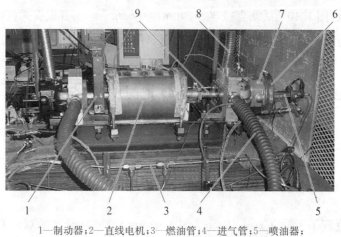

1—制动器;2—直线电机;3—燃油管;4—进气管;5—喷油器;
6—气缸盖;7—气缸;8—排气管;9—位移传感器

图 1.12 美国西弗吉尼亚大学自由活塞发动机第二代样机

美国 Sandia 国家实验室(Sandia National Laboratory, SNL)从事自由活塞发动机方面的研发工作虽然起步较早,但其样机研制起步较晚,始于 2008 年,同美国西弗吉尼亚大学类似,样机也采用二冲程工作循环双活塞对置布置,以便于系统的平衡与进排气口的布置,同时采用大压缩比,旨在通过大压缩比实现大功率输出(图 1.13)。在缸径 76.2 mm、最大冲程 254 mm 的快速压缩膨胀机上对不同温度的稀薄燃料进行快速压缩点火、燃烧排放性能测试,燃烧室内压缩比达到 30∶1,大部分燃料在如此大压缩比下都会发生自燃,燃烧规律接近于理想 Otto 循环,且可满足预期的低排放要求。但该试验只进行单循环试验,未考虑二冲程发动机扫气损失,因此该原理样机试验还须进一步通过连续多循环试验,并考虑实际换气过程损失。

1，2—回复室；3—直线电机；4—燃烧室；5—直线电机

图 1.13　美国 Sandia 国家实验室二冲程自由活塞发动机原理样机

　　韩国先进科技学院(Korea Advanced Inst. of Science & Tech)和蔚山大学(University of Ulsan)也先后建立了二冲程自由活塞发动机原理样机,并以丙烷为燃料通过点火方式燃烧,韩国先进科技学院的样机很小,缸径只有 25 mm,最大冲程长度 22 mm;蔚山大学设计的二冲程自由活塞直线发电机,缸径 30 mm、最大冲程 31 mm(图 1.14),57.2 Hz 频率下输出功率 111.3 W,并分析了燃料输入热值、当量比、点火延迟时间和电阻等参数对发电机的输出电功率、活塞运动频率与活塞冲程的影响,但未考虑这些参数对热效率的影响,而且只进行了甲烷的试验研究,还未进行多燃料适应性研究。

图 1.14　University of Ulsan 自由活塞
发动机原理样机

图 1.15 为澳大利亚 Pempek 公司 2003 年设计的自由活塞原理样机结构紧凑,8 台二冲程发动机与一台直线电机相连,其工作频率为 30 Hz,峰值输出功率为 40 kW,功率密度可达 1 kW/kg。

(a) 外形   (b) 内部结构

图 1.15　澳大利亚 Pempek 公司的自由活塞原理样机

英国纽卡斯尔大学(Newcastle University)自 2005 年开始致力于自由活塞直线发电机的研究,设计的以氢气为燃料自由活塞发动机原理样机如图 1.16 所示,在压缩比 3.7、5~11 Hz 频率下分别进行了二冲程和四冲程模式试验,试验结果显示:四冲程循环模式比二冲程循环模式指示热效率高 13.2%,进一步证明了四冲程的优势。

图 1.16　Newcastle University 氢燃料自由活塞发动机原理样机

2) 国内

南京理工大学常思勤教授科研小组设计开发了一代单缸四冲程缸径为 62 mm 的自由活塞发动机原理样机(图 1.17),以汽油为燃料进行了原理样机试验,在工作频率为 25 Hz 时,对外输出功率 2 kW,样机可稳定运转。南京理工大学徐照平副教授在此基础上又研制了二代四冲程自由活塞原理样机,缸径 102 mm,仍然以汽油为燃料进行原理样机试验,在节气门开度为 18%时,样机发电功率 3.1 kW,发电效率 38.4%;若节气门全开,则样机发电功率可达 5.4 kW。

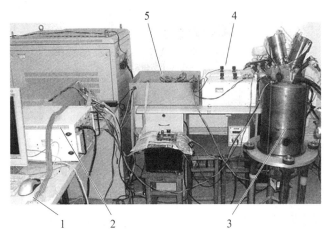

1—控制面板;2—上位机;3—样机;4—电源;5—控制器

图 1.17　南京理工大学一代单缸四冲程自由活塞发动机原理样机

上海交通大学黄震教授科研小组进行了二冲程双缸对置式自由活塞发动机的样机试验(图 1.18),以常温下为气态的 LPG 为燃料,进行了单次点火试验,燃烧室内压力可达 18 bar(1 bar=0.1 MPa),但二冲程发动机所固有的扫气损失难以克服。另外,北京理工大学、天津大学及重庆交通大学也

图 1.18　上海交通大学二冲程双缸对置式自由活塞发动机样机

分别就点燃式自由活塞起动与工作过程、点燃式液压自由活塞增压燃烧过程、压燃式柴油自由活塞点火特性做了一些实验研究。

虽然国内外诸多科研院所通过试验的方法研究了一些对自由活塞发动机热力循环过程的影响因素,但试验过程漫长且成本昂贵,影响发动机性能因素很多且相互影响,在现代社会开发新型非传统发动机完全依靠试验研究,经济成本高、开发周期长,且不能全面地反映发动机混合气形成过程、燃烧过程、缸内工质的流动及传热过程,更不能对变工况进行预测,而这些必须借助于数值模拟计算才能全面地考察各因素对工作过程的影响。

1.3.2　数值模拟研究现状

发动机热力过程模拟不仅可以计算设定工况点,还可以计算非设定工况点和变工况点;不仅可以计算发动机稳态工作过程,还可以计算瞬态工作过程,研究结构参数及性能参数与瞬态响应特性的关系,探求改善瞬态特性的技术措施;同时还可以进行热力循环模拟优化研究。采用以实验研究和基本理论研究成果为基础的计算机辅助工程技术,可以通过计算机把实验研究、科学计算、理论分析和工程应用有机融为一体,显著提高发动机研制的科学性,减少盲目性,提高研制效率。

1) 二冲程自由活塞数值模拟研究现状

目前对于自由活塞发动机的研究主要集中在二冲程发动机,国内处于刚刚起步阶段,国外发展相对成熟一些。

国内北京理工大学左正兴教授课题组对二冲程自由活塞发动机进行热力学分析,先后建立零维模型对换气过程、燃烧过程进行模拟计算,而后建立三维数值模型对换气过程进行了数值模拟计算,旨在通过参数化研究提高二冲程自由活塞发动机换气效率,进而提高发动机热效率;天津大学汪洋教授课题组分别利用 CONVERGE 软件对二冲程液压自由活塞发动机高增压燃烧过程、多点点火燃烧过程、换气过程进行了三维仿真计算,通过仿真分析发现:增大初始进气压力,可缩短自由活塞在止点附近停留时间、抗爆能力增强,多点点火可有效改善高增压液压自由活塞发动机指示热效率,增大扫气比时面值、增大扫气箱压缩比和适当增大活塞顶倾角均可提高扫气效率。

加拿大里贾纳大学的 Jack David Katzberg 教授课题组对带有弹簧装置的单缸和不带弹簧装置的双缸二冲程自由活塞发动机建立单区模型,依据此模型进行了压缩冲程和膨胀冲程的数值模拟计算,通过变换压缩比改变输出,在上止点附近向系统注入能量,但由于所选模型和算法等原因,只对设定工况点进行了计算,所得结果与初始值关系较大,因而误差比较大。单区模型忽略了太多细节,计算结果距离缸内真实流场还有一定距离,只能做定性分析。

美国西弗吉尼亚大学不仅对二冲程自由活塞发动机试验研究起步较早,而且在二冲程自由活塞发动机数值模拟研究方面做出的贡献也很大。早在 1999 年 Atkinson 就运用热力学第一定律对 Clark 设计的样机进行了数值模拟,对包括扫气、压缩和燃烧的整个循环分别建立单区模型,在模拟中通过加载三种随运动变化的负载系数来模拟电磁推力变化,以观察电磁推力对气体燃烧和活塞运动规律的影响,经过参数化研究,Atkinson 给出了发动机性能随加热量、燃烧持续时间、负载及往复运动质量的定性变化规律。2000 年,David Houdysche 根据 Atkinson 的循环模拟结果和 Clark 的实验结果设计了新的样机,并对新样机建立零维模型,以柴油为燃料按照混合加热理论循环模拟热力过程,比较了定容和定压过程不同放热比值对系统压缩比、频率和活塞速度的影响。Ehab 对二冲程压燃自由活塞发动机采用无量纲法分析以寻求最佳稳定运转参数,通过参数化研究,分析了缸径行程比、外加负载、空燃比和着火持续时间等参数对自由活塞发动机指示效率和升功率的影响,但仍基于单区模型。

美国 Scott Goldsborough、法国 Kleemann 等先后建立零维模型和一维模型估算二冲程自由活塞发动机效率;建立详细的二冲程自由活塞发动机三维数值模型对换气过程、进排气道结构和燃料喷射特性进行模拟计算,这相比前期的定性计算已经前进了一大步,但未实现对整个工作循环进行仿真计算。

瑞典的 Jakob Fredriksson、Miriam Bergmant 和英国的 Mikalsen 和 Roskilly 对二冲程自由活塞发动机热力学分析贡献很大。瑞典 Jakob Fredriksson、Miriam Bergmant 等通过 Matlab/Simulink 对具有 12 个进气

口和 4 个排气口的二冲程对置自由活塞发动机进行建模分析,活塞运动遵守牛顿第二运动定律,燃烧过程采用基于点火延迟的简化模型和韦伯函数表示,并把计算结果代入 KIVA-3V 和 SENKIN 软件对自由活塞发动机的喷油正时进行耦合计算,分析了均质压燃(Homogenous Charge Compression Ignition, HCCI)/预混压燃(Premixed Charge Compression Ignition, PCCI)的燃烧模式下的排放,得到了缸内瞬时压力。英国的 Mikalsen 和 Roskilly 等建立二冲程自由活塞发动机燃烧室三维数值模型,通过 OpenFOAM 平台进行计算,分析了自由活塞上止点高加速度对缸内气体流动和燃烧过程的影响。

2) 四冲程自由活塞数值模拟研究现状

在自由活塞发动机发展过程中,无论实验研究还是数值模拟研究,四冲程自由活塞发动机的发展远落后于二冲程自由活塞发动机。

浙江大学任好玲博士和郭剑飞硕士主要从运动学的角度对四冲程液压自由活塞发动机运动机理与特性进行了仿真分析,建立了自由活塞组件非线性动力学方程,提出了一种新结构,换气效率提高了 15%,并提出了可消除翻转力矩优化方案,但此优化分析并非针对新型发动机最重要的热力过程进行数值分析。

南京理工大学常思勤等对内燃-直线发电集成动力系统进行了概念设计,这是迄今为止第一种真正意义上的基于四冲程的自由活塞直线发动机,申请了发明专利,但对其进行热力学分析刚刚起步。

3) 自由活塞数值模拟研究计算中存在不足及面临挑战

随着环保压力增加,自由活塞发动机自 20 世纪 90 年代起重新成为研究热点后的近 20 年间,Jakob Fredriksson、Miriam Bergman、Mikalsen 和 Roskilly 等对自由活塞发动机的热力学分析比先辈们的研究更进一步,他们基于自由活塞的运动规律对二冲程自由活塞发动机的缸内过程做瞬态模拟计算并分析与传统发动机的区别,但他们的多维数值模型计算中自由活塞运动规律是一维计算的结果,而非多维数值模拟计算中通过受力计算耦合出自由活塞运动规律。自由活塞发动机的几何模型多采用平缸盖燃烧室结构,计算区域相对规则,降低了计算难度。二冲程自由活塞发动机多采用对置自由活塞发动机,对置自由活塞发动机中的两个活塞运动并非完全自由,其中一个活塞运动要受到另外一个活塞的限制,并非完全意义上的自由活塞发动机。

虽然现有自由活塞发动机基于四冲程的设计比较少,但是由于四冲程发动机节能环保性能更好,且这种系统具有压缩比膨胀比均可变、多燃料适应性好、排放低和热效率高等突出优点,是当前阶段实现节能环保的有效途径;同时由于其减少了能量传递和转换环节,所以是增程式电动汽车和混合动力车辆的最佳动力源,具有良好的应用前景。随着排放法规的日趋严格和人们环保意识的增强,四冲程自由活塞发动机的优势会越发明显,对它的研究也会越来越多,认识也会逐渐加深。

1.4　天然气发动机应用现状及发展趋势

考虑到节能环保要求,氢气是唯一不含碳可实现真正"零排放"的燃料,但由于规模氢气来源不稳定、氢气爆炸极限宽、使用安全性及储氢站建设成本等原因,使得氢能源汽车推广应用还有很长距离。

天然气(其主要成分是 CH_4)是含碳量最低的化石燃料,且因资源丰富、成本低和安全性高、低排放等优点成为汽油和柴油的重要替代燃料,也是最早被广泛使用的替代燃料。据记载,天然气最早于 20 世纪 30 年代开始在意大利被使用,我国汽车工业于 20 世纪 80 年代开始使用天然气,因此本书中选择清洁燃料天然气作为试验燃料。

1.4.1　天然气作为发动机替代能源的优势

天然气储量丰富,成为近期最具发展潜力的替代能源,欧盟已设定目标,截至 2020 年,该地区投入使用的汽车 20% 采用代用燃料,其中一半是天然气汽车,这主要是因为其具有如下优点:

(1) 清洁燃烧,降低温室效应。天然气中主要成分为甲烷,甲烷分子中只有 C—H 键,无 C—C 键,有利于减少碳烟生成和排放;天然气燃烧温度低,有利于减少 NO_x 排放;天然气以气态进入发动机,易与空气均匀混合,燃烧较好,可降低 CO 和未燃碳氢排放。天然气是所有含碳燃料中 H/C 最高的燃料,采用天然气这一蓝色动力的新一代单一燃料汽车相比同排量汽油发动机汽车,可综合降低各类废气污染物排放量达 82.2%,可使 CO_2 排放量减少 76%,CH 化合物减少 88%,NO_x 化合物减少 82%,CO 排放减少 24%,SO_2 排放减少 90%,其在减少有害气体及 CO_2 排放对环境破坏方面的影响是难以估量的,推广使用单一燃料天然气汽车可有效降低温室效应。

(2)抗爆性好。天然气辛烷值较高,约为 130,一般天然气的压缩比可在 10～12 之间,最高甚至可达 15,因此天然气具有使用高压缩比提高发动机动力性和燃油经济性的潜力。

(3)着火界限宽。天然气过量空气系数的变化范围在 0.6～1.8 之间,有利于通过稀薄燃烧提高发动机热效率。

(4)使用成本低,经济效益显著。出租车使用压缩天然气(CNG)后,每个月大约可节省近千元。只要每 5 年做一次大检,CNG 发动机使用寿命可长达 15 年。液态天然气(LNG)公交车"加液"比 CNG 加气要方便一些,而同体积下 LNG 汽车的行驶里程为 CNG 汽车的 3 倍,因此更适合大型车辆或者长途行驶,大型货车一次性加满 LNG 后,可以行驶达 800～1 000 km,比其他能源更有优势。

新版《天然气》国标在 2012 年 9 月 1 日起实施,天然气的气质大幅提高,每平方米天然气高位发热量由原来大于 31.4 MJ 提高到大于 36 MJ,每平方米天然气总硫含量由不大于 100 mg 提高到不大于 60 mg;CO_2 含量由小于或等于 3% 提高为小于或等于 2%。

因为天然气优势明显,成为近期发展前景最好的发动机替代燃料,但天然气作为汽车燃料还存在如下弊端:天然气组分会因产地不同而有差异,因此会影响燃料的理论空燃比和辛烷值,进而影响发动机动力性和经济性;加气站等基础设施还不够完善,缸外喷射会降低发动机容积效率,若其他条件不变则会使得发动机动力性下降。

1.4.2　单燃料天然气发动机应用现状及发展趋势

近年来随着能源危机加重、环境问题日益凸显及全球变暖,寻找替代燃料愈发紧迫,储量丰富且能清洁燃烧的天然气受到各国重视。截至 2008 年年底,巴基斯坦拥有 200 万辆天然气汽车,阿根廷拥有 170 万辆天然气汽车,巴西拥有 160 万辆天然气汽车,这三个国家拥有的天然气汽车超过了全球一半以上,伊朗、印度、意大利、中国、俄罗斯天然气汽车依次位居第 4 位至第 8 位。21 世纪以来天然气汽车每年平均递增约 22%,天然气价格约为汽油的 1/2,虽然近期天然气价格有所上涨,但仍大大低于汽油价格,很多国家对所购天然气汽车进行补贴、减税(如马来西亚对单燃料天然气汽车减税 50%,对改装天然气汽车减税 25%),对加气站建设提供低息贷款等优惠政策鼓励发展清洁能源天然气汽车。

根据燃料种类天然气汽车可分为双燃料天然气汽车和单燃料天然气汽车两大类,其中双燃料天然气汽车是在原汽油机汽车或柴油机汽车上加装一套供气系统,通过转换开关可使每种燃料单独正常工作,其缺点是:不管是汽油/天然气双燃料汽车还是柴油/天然气双燃料汽车,由于两种燃料物理化学性质不同,与之相匹配的发动机性能结构参数不同,尽管普通的双燃料天然气汽车的动力性和尾气排放性能有所降低,但是仍达不到现行欧 IV 标准,因此并非燃用天然气的汽车就是清洁能源汽车。在现有发动机结构基础上,采用双燃料天然气汽车多只能用于天然气汽车发展初期,是单燃料天然气汽车发展过程中的一种过渡产品;单燃料天然气汽车发动机专门针对天然气特性开发,其燃料供给系、点火系等与天然气优化配合,尾气排放可达到国内和国际环保要求,且稳定性高、可靠性好,是天然气汽车发展方向。美国主张开发单燃料天然气汽车,并且主张使用精密电控系统,尽管全电控单燃料天然气发动机性能较好,但是价格昂贵,意大利也一直寻求天然气在更广阔领域的应用,走单燃料天然气汽车路线一直是意大利政府所倡导的。2009 年 4 月 1 日,日本实施"绿色税制",对包括混合动力汽车、天然气汽车及其他获得认定的低排放且燃油消耗量低的车辆免除多项税收的优惠。

如果采用自由活塞发动机结构,应用其多燃料适应性,则可充分发挥每种燃料优势,非常具有潜力,不再只是单燃料发展过程中的过滤产品,而是一种趋势。

国内外诸多学者从数值模拟角度对天然气发动机开展了行之有效的研

究。Wunsch 等用计算流体软件建立了三维数值计算模型,模拟了预混室内天然气的流动和混合过程,尽管由于各种条件限制,模型简化较多,预测值与实验测得值之间还有差距,但是数值模拟计算在天然气发动机优化设计方面依然起着不可替代的作用。由于天然气燃料自身特点,其作为汽车燃料使用中的一个主要问题是发动机的功率比使用汽油燃料时有较明显的下降。为提高天然气发动机动力性,Andrzej Sobiesiak 等应用热力学第一和第二定律分别建立了单区模型和双区模型;Kusaka 利用多维数值计算模型和详细化学反应动力学对双燃料天然气发动机的燃烧及排放特性进行了分析,结果表明混合气浓度对燃烧影响较大,增大混合气浓度可降低 CO 和 THC 排放;Charlton 等对稀燃和理论空燃比下采用缸外独立压缩的情况进行了模拟。点火正时和点火能量对天然气发动机非常重要,而空燃比又会影响点火正时和点火能量,天然气发动机最优压缩比和点火正时均可通过数值模拟优化获得。

均质压燃很适合用于天然气发动机燃烧,Medhat Elkelawyt 等依据缸内详细化学动力学和缸壁传热,建立了不同的热力学模型,研究了天然气在均质压燃下的特性,模拟结果表明,天然气初始条件(如进气门关闭时刻)和对着火时刻能否精确控制对结果影响很大。目前限制均质压燃天然气发动机,其实也是限制所有均质压燃发动机进一步发展的最大障碍就是扩展中低负荷范围和实现对均质压燃模式的瞬态控制,尤其是对发动机燃烧始点的控制,现在常用的方法是通过对进入缸内充量温度和压力控制调节燃烧始点,调节进气温度作用有限,且对于高辛烷值天然气可调节范围更小,不利于充气。只有找到一些像传统汽油机的火花点火和传统柴油机的喷油时间这样强制性且易于在实际运转中调节的控制手段,才能使 HCCI 在不同工况和压缩终点温度都能保证稳定可靠着火,因此 HCCI 目前还未能在天然气发动机上得到广泛的应用。

国内包括天津大学、吉林大学及西安交通大学等对天然气发动机进行了研究,为天然气发动机的设计运用提供了一定的指导和借鉴作用。温苗苗等用 AVL BOOST 和 FIRE 对四冲程增压柴油机改装而成的天然气发动机的整个工作过程进行了一维模拟和三维模拟;窦慧莉、沈国华等分别应用 STAR - CD 和 Fire 对基于柴油机改装的稀薄燃烧火花点火天然气发动机的气流运动、混合气形成过程、燃烧过程和排放物生成过程进行了三维数值模拟仿真,其模拟中没有对整机进行匹配,初始边界选取依赖于经验值;郑清平等对基于柴油机改装的压燃式天然气发动机燃烧过程在详细化学动力学机理基础上进行了三维模拟,并提出了建立主燃烧室、副燃烧室,从而实现主燃烧室、副燃烧室的浓度分层和温度分层,但要真正实现温度分层非常困难。

1.5 主要研究内容

四冲程自由活塞天然气发动机非常适合用于增程式电动汽车和混合动力汽车,本书作者以其为研究对象,依托国家自然科学基金项目"内燃-直线发电集成动力系统中的发动机热力学分析与优化"(项目号:50876043)和国家青年自然科学基金项目"四冲程自由活塞发电机动态特性及关键技术研究"(项目号:51207071),从热力学模型的建立、原理样机试验、自由活塞运动规律的实现和自由活塞发动机性能影响因素等方面进行了详细研究。本书各章节内容安排如下:

第 1 章,绪论。首先简要介绍课题研究背景和选题意义;其次简述自由活塞发动机的分类和应用发展历程,综述自由活塞发动机原理样机和热力过程数值模拟计算研究现状;同时还分析了替代燃料天然气发动机的研究现状及发展趋势;最后给出本书的主要研究内容。

第 2 章,四冲程自由活塞发动机理论循环热力学分析。应用热力学第一定律和第二定律建立四冲程自由活塞发动机理论循环热力学模型和㶲分析模型,并利用所建模型分析自由活塞发动机主要参数对理论循环热效率和㶲效率影响,揭示系统特点。

第 3 章,四冲程自由活塞天然气发动机原理样机系统设计与试验。在原四冲程自由活塞汽油发动机原理样机基础上,设计天然气电控喷射系统,改进点火系统,搭建四冲程自由活塞发动机台架试验平台,并对四冲程自由活塞天然气发动机进行相关试验研究。

第 4 章,四冲程自由活塞发动机实际循环三维瞬态数值模拟及验证。

建立发动机缸内流动、传热和燃烧等过程数学模型和三维几何模型,建立自由活塞动力学模型,对自由活塞运动规律进行数学描述,开发自由活塞运动规律控制模块,并与试验相结合对所建模型和开发模块进行验证。

第 5 章,四冲程自由活塞发动机性能影响因素分析。依据前期所建三维数值计算模型,通过数值模拟方法分析气门运动、活塞运动、活塞顶部形状、点火正时、压缩比及膨胀比等因素对四冲程自由活塞天然气发动机的性能影响,通过对比分析选出最佳参数,为后续自由活塞发动机改进提供参考依据。

第 6 章,总结与展望。对本书所做工作进行总结,给出本书的创新点,并对进一步研究工作进行展望。

第 2 章

四冲程自由活塞发动机
理论循环热力学分析

取消了曲柄连杆机构约束的四冲程自由活塞发动机,活塞运动更加自由,其热力循环过程依然是燃料热能转变为机械能的过程,在这种新型动力装置研究与开发初期,对其缸内热力学过程进行模拟计算分析,不仅可预测所设计新型动力装置的初步性能,进行多方案比较,以获得最佳设计方案,而且还可对结构参数与运行参数进行优化设计,减少试验工作量。

本章在阐释四冲程自由活塞发动机构成及工作原理基础上,建立基于Atkinson 循环的自由活塞发动机理论热力循环模型,并分别从热力学第一定律和第二定律角度对其进行研究,重点分析主要参数对系统热力性能影响,进而揭示系统的特点,对系统主要性能参数进行初步预测,为后续试验研究和三维数值模拟计算提供理论依据。

2.1 四冲程自由活塞发动机基本构成及工作原理

2.1.1 基本构成

基于缸外独立压缩的四冲程自由活塞发动机如图 2.1 所示,缸外独立压缩亦即进气增压是强化发动机功率密度的重要手段,主要由自由活塞、直线电机、电磁驱动配气机构、弹性元件、缸外独立压缩机、稳压箱、温度调节装置、控制单元、驱动模块及储能元件等组成。

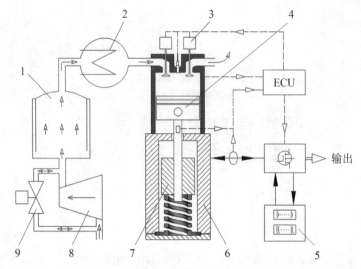

1—稳压箱;2—温度调节装置;3—电磁驱动配气机构;4—自由活塞;5—可逆存储单元;
6—直线电机定子;7—直线电机动子;8—空气压缩机;9—压力调节装置

图 2.1　四冲程自由活塞发动机结构示意图

2.1.2　工作原理

　　基于缸外独立压缩的四冲程自由活塞发动机工作原理与传统点燃式
Otto 循环发动机相似,只是活塞运动不再靠曲轴驱动,而是自由活塞与直
线电机动子相连,沿气缸上下直线往复运动,燃料燃烧后膨胀做功,与自由
活塞直接相连的直线电机输出电能至负载或能量存储元件,需要时还可驱
动自由活塞运动,通过调节电磁力大小、方向和电磁力加载位置控制自由活
塞运动规律。

　　四冲程自由活塞发动机取消了曲柄连杆机构,在简化结构的同时,可减
小甚至消除曲轴不平衡旋转质量产生的离心惯性力、曲柄连杆机构产生的
活塞径向力导致的摩擦损失;活塞可自由运动,其运动的上止点、下止点可
控,压缩比、膨胀比可调,多燃料适应性好。直线电机可在发电和电动两种
模式下工作,并依据需要实时转换;可逆储能元件采用蓄电池与超级电容器
组合方式,以充分发挥蓄电池和超级电容器各自优势。采用缸外独立压缩
可增大工质密度以保证合适的进气量从而得到需要的输出功率,同时通过

缸外独立压缩可控制进气压力、温度,改善发动机燃烧过程,进而提高发动机节能环保性能。

　　由四冲程自由活塞发动机工作原理分析可知四冲程自由活塞发动机优势非常明显,其发展缓慢的主要原因在于自由活塞的运动是缸内工作过程与缸外机电控制高度耦合的结果,自由活塞加速度远大于传统发动机中活塞加速度,要实现对活塞运动精确控制难度较大,因此对自由活塞发动机的研究主要集中在缸内工作过程和缸外控制两部分,本章研究工作主要是自由活塞发动机的缸内工作过程部分。

2.2　理论循环简化条件

　　虽然发动机出现已有 100 多年历史,但因发动机实际热力循环过程由一系列复杂物理、化学、流动、传热和传质过程组成,至今要准确描述发动机工作过程仍非常困难,自由活塞发动机发展历史更短,因此在分析自由活塞发动机内部能量转换过程优劣及其主要影响因素时,将实际循环进行若干简化,忽略一些次要影响因素,由此得到的便于进行定量分析的假想循环即为理论循环。

　　本章计算中的简化条件如下:

　　(1)工作循环的工质视为理想气体,在整个工作循环中物理性质、化学性质保持不变,状态变化遵守气体状态方程;

　　(2)假设工质在闭口系统中进行封闭循环,工作循环内忽略泄漏和传热影响,即整个循环是在定量工质下进行;

　　(3)假设整个热力循环过程均由典型热力过程组成,工质压缩和膨胀过程简化为理想的等熵过程,工质与外界不进行热交换,工质比热容为常数;

　　(4)发动机燃烧过程假定为等容加热过程,循环中发动机排气过程则假定为等容放热过程;

　　(5)进气与排气均假定在瞬间完成,即进气门开启瞬间缸内压力即为进气压力,排气门开启瞬间缸内压力即为环境压力,进气、排气过程中其他损失均忽略。

2.3　基于热力学第一定律的理论循环热力学分析

2.3.1　第一定律热力学模型

由于二冲程发动机不能满足目前国际范围内倡导的节能环保发展理念,本章建立如图 2.2a 所示的基于缸外独立压缩中冷和 Atkinson 循环的点燃式自由活塞发动机理论循环热力学模型,传统点燃式发动机(Otto 循环)理论循环发动机热力学模型如图 2.2b 所示。两个理论循环热力学模型中,1-2 均简化为绝热压缩过程,2-3 则简化为等容加热过程,3-4 为绝热膨胀过程,4-5 为等容放热过程,5-6 为定压排气过程,图 2.2b 中的 6-1 和图 2.2a 中的 7-1 为定压进气过程。图 2.2a 中缸外独立压缩中冷过程 $6'-6-7-7'$ 简化为绝热压缩过程和冷却过程。TDC_I 为进气上止点,TDC_C 为压缩上止点,BDC_I 为进气下止点,BDC_E 为膨胀下止点,图 2.2b 中 TDC 和 BDC 分别为上止点和下止点。

为便于分析,定义如下参数:

压缩比 $$\varepsilon = \frac{V_1}{V_2} \tag{2.1}$$

膨胀比 $$\lambda = \frac{V_4}{V_3} \tag{2.2}$$

缸外独立压缩比 $$\pi_c = \frac{p_{7'}}{p_0} \tag{2.3}$$

式中,V_1、V_2、V_3 和 V_4 分别为图中 1、2、3、4 点气缸容积(m^3);$p_{7'}$ 为 $7'$ 点压力(MPa);p_0 为大气压力(MPa)。

Otto 循环发动机膨胀比与压缩比相同,而在图 2.2a 所示自由活塞发动机 Atkinson 循环中 $V_4 > V_3$,所以膨胀比大于压缩比。

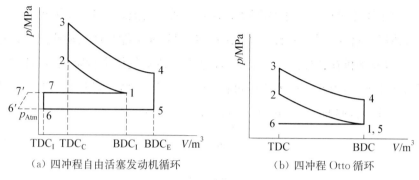

(a) 四冲程自由活塞发动机循环　　　　（b) 四冲程 Otto 循环

图 2.2　理论热力循环过程

2.3.2　第一定律热力学分析

热力学第一定律是能量转换与守恒定律在热现象中的应用,通过热力学第一定律对自由活塞发动机进行热力学分析,可揭示自由活塞发动机在能量转换过程中的优势。

图 2.1 所示的四冲程自由活塞发动机循环可简化为缸外过程和缸内过程,现分别对其进行详细分析。

2.3.2.1　缸外过程

1) 缸外独立压缩中冷过程 $6-6'-7'-7$

其中缸外独立压缩过程 $6-6'-7'-7$ 简化为绝热压缩过程,压缩后气体压力和温度分别计算如下:

$$p_{7'} = \pi p_0 \tag{2.4}$$

$$T_{7'} = T_0 \pi_c^{(k-1)/k} \tag{2.5}$$

式中,$T_{7'}$ 为 $7'$ 点温度(K);T_0 为大气温度(K);k 为定熵指数。

缸外独立压缩过程消耗功

$$W_{67'} = \frac{k}{k-1} m_a R_g T_0 \left[\pi_c^{(k-1)/k} - 1 \right] = k m_a c_v T_0 \left[\pi_c^{(k-1)/k} - 1 \right] \tag{2.6}$$

式中,$W_{67'}$ 为缸外独立压缩过程消耗功(kJ);m_a 为工质质量(mg);c_v 为定容比热容[kJ/(kg·K)]。

由于压缩过程中气体温度随压缩容积减小而随之上升,如果进入气缸的气体温度过高,不仅影响进入气缸的进气量,还可能会使发动机热负荷过高,一般发动机在缸外独立压缩后,通过中冷器对气体进行降温,但此过程压力变化不大,因此简化为等压过程,经中冷(7′-7)后,其温度一般可保持在 60 ℃ 以内,亦即 $T_7 \leqslant 60\ ℃ = 333\ \mathrm{K}$。因此有

$$p_7 = p_{7'} = \pi p_0 \tag{2.7}$$

$$V_7 = \frac{T_7}{T_{7'}} V_{7'} \tag{2.8}$$

式中,p_7 为 7 点压力(MPa);V_7 为 7 点气缸容积(m^3)。

系统消耗功

$$W_{7'7} = p_7(V_{7'} - V_7) = mc_\mathrm{v}(k-1)\left[T_0\pi_\mathrm{c}^{(k-1)/k} - T_7\right] \tag{2.9}$$

式中,$W_{7'7}$ 为中冷过程消耗功(kJ)。

采用中冷器的发动机,缸内气体压缩始点温度低于不采用中冷器的发动机循环压缩始点温度,其密度增大,故在发动机气缸容积不变时,通过缸外独立压缩中冷,可增加循环进气量。

2) 定压进气过程 7-1

此过程同排气过程一样,只是气体的迁移过程,缸内气体的数量发生了变化,而热力状态并没有改变,即

$$p_1 = p_7 \tag{2.10}$$

$$T_1 = T_7 \tag{2.11}$$

式中,p_1 为 1 点压力(MPa);T_1 为 1 点温度(K)。

为避免活塞与气缸盖的撞击,以及便于安装进气阀、排气阀等,当活塞处于进气上止点时,活塞顶面与缸盖间留有余隙容积,一般余隙容积可取为 $V_7 = (0.03 \sim 0.08)(V_1 - V_7)$($V_1 - V_7$ 可视为气缸的工作容积),由于余隙容积的存在,活塞不能将全部气体排出缸外,而有一部分残留在气缸内,使得下一循环中有效吸气容积会减少,气缸容积不能充分利用,为此应尽量减少余隙容积。

此过程中共吸入新鲜气体:

$$m_a = \rho V_a \tag{2.12}$$

$$W_{71} = p_7 (V_1 - V_7) \tag{2.13}$$

式中，ρ 为工质密度（kg/m^3）；W_{71} 为进气过程功（kJ）。

3）定压排气过程 5 - 6

在此过程中，只有气体的排出，缸内的气体数量在不断减少，而热力状态并不发生改变：

$$W_{56} = p_0 (V_5 - V_6) \tag{2.14}$$

式中，W_{56} 为排气过程功（kJ）。

2.3.2.2　缸内过程

1）等熵绝热压缩过程 1 - 2

在此过程中耗功：

$$W_{12} = m_a c_v (T_{2Free} - T_{1Free}) \tag{2.15}$$

$$T_{2Free} = \varepsilon^{k-1} T_{1Free} \tag{2.16}$$

$$p_{2Free} = \varepsilon^k \pi p_{6Free} \tag{2.17}$$

$$V_{2Free} = \frac{C}{\varepsilon} V_{6Free} \tag{2.18}$$

式中，W_{12} 为压缩过程消耗功（kJ）；T_{1Free} 和 T_{2Free} 分别为自由活塞发动机 1 点温度（K）和 2 点温度（K）；V_{2Free} 和 V_{6Free} 分别为 2 点和 6 点自由活塞发动机气缸容积（m^3）；p_{2Free} 和 p_{6Free} 分别为 2 点和 6 点自由活塞发动机缸内压力（MPa）。

2）等容加热过程 2 - 3

$$V_{3Free} = V_{2Free} \tag{2.19}$$

式中，V_{3Free} 为 3 点自由活塞发动机气缸容积（m^3）。

在此过程中，为了控制排放，使得加入的燃油符合理论空燃比，因而须加入燃油的质量

$$m_g = \frac{m_a}{A/F} \tag{2.20}$$

式中，m_g 为循环所进燃料质量(kg)；A/F 为理论空燃比。

完全燃烧此部分燃油的过程中，体积未变，故

$$W_{23} = 0 \tag{2.21}$$

$$Q_{23} = qm_g \tag{2.22}$$

式中，W_{23} 为燃料燃烧过程做的功(kJ)；Q_{23} 为燃料燃烧过程放热量(kJ)。

吸收这些热量后，温度升至 T_3：

$$T_{3\text{Free}} = \frac{Q_{23}}{(m_g + m_a)c_v} + T_{2\text{Free}} \tag{2.23}$$

$$p_{3\text{Free}} = \frac{T_{3\text{Free}}}{T_{2\text{Free}}} p_{2\text{Free}} \tag{2.24}$$

式中，$T_{3\text{Free}}$ 和 $p_{3\text{Free}}$ 分别为自由活塞发动机 3 点温度和压力，单位分别为 K 和 MPa。

3) 等熵绝热膨胀过程 3 - 4

$$T_{4\text{Free}} = \left(\frac{1}{\lambda}\right)^{k-1} T_{3\text{Free}} \tag{2.25}$$

$$V_{4\text{Free}} = \lambda V_{3\text{Free}} \tag{2.26}$$

$$p_{4\text{Free}} = \left(\frac{V_{3\text{Free}}}{V_{4\text{Free}}}\right)^k p_{3\text{Free}} \tag{2.27}$$

$$W_{34} = mc_v(T_{3\text{Free}} - T_{4\text{Free}}) \tag{2.28}$$

式中，$T_{4\text{Free}}$ 为 4 点自由活塞发动机温度(K)；$V_{4\text{Free}}$ 为 4 点自由活塞发动机气缸容积(m^3)；$p_{4\text{Free}}$ 为 4 点自由活塞发动机缸内压力(MPa)；W_{34} 为自由活塞膨胀过程做的功(kJ)。

4) 等容放热过程 4 - 5

$$V_{5\text{Free}} = V_{4\text{Free}} \tag{2.29}$$

$$W_{45} = 0 \tag{2.30}$$

式中，$V_{5\text{Free}}$ 为 5 点自由活塞发动机气缸容积(m^3)；W_{45} 为 4 - 5 过程自由活塞发动机功的变化(kJ)。

2.3.2.3　系统循环功和循环热效率

系统循环功 W 和循环热效率定义如下：

$$W = -W_{12} + W_{34} - W_{56} + W_{71} - W_{67'} - W_{7'7} \qquad (2.31)$$

$$\eta = \frac{W}{Q_{in}} = \frac{W}{Q_{23}} \qquad (2.32)$$

式中，W 为系统循环功(kJ)；η 为系统循环热效率。

2.3.2.4　结果分析

1) 压缩比对自由活塞发动机循环功和循环热效率的影响

压缩比是发动机非常重要的参数，对于自由活塞发动机亦是如此，直接影响发动机的动力性、经济性和排放性。

图 2.3 给出了不同压缩比时，Otto 循环发动机和自由活塞发动机的循环功，Otto 循环压缩比和膨胀比相同，对应三个压缩比有三个确定的循环功值，且循环功随压缩比增加而增加。对于自由活塞发动机，当压缩比很小时，循环功趋近于零，这是因为压缩比很小时，图 2.2 中所包围的面积小；随压缩比增加，循环功随之增加，这是由于为了提高发动机动力性和经济性，自由活塞发动机膨胀比大于等于压缩比，压缩比增加的同时，膨胀比也随之增加，循环功随压缩比的增大而增大，其本质是循环功随膨胀比的增大而增大。

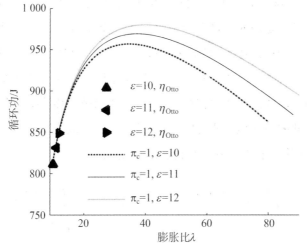

图 2.3　压缩比、膨胀比对循环功的影响

　　图 2.4 表示了压缩比、膨胀比对循环热效率的影响,由图 2.4 中可以看出,传统 Otto 循环发动机和自由活塞发动机热效率随压缩比增大均呈上升趋势,在相同压缩比情况下,自由活塞发动机的热效率要比传统的发动机热效率高,这主要是因为随压缩比的增大,膨胀比也随之增大,膨胀比大于等于压缩比,因此膨胀比的增加在增大膨胀做功能力的同时,也提高了发动机的循环热效率。

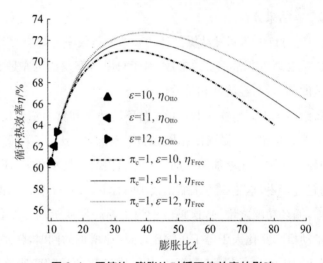

图 2.4　压缩比、膨胀比对循环热效率的影响

　　2) 膨胀比对自由活塞发动机循环功和循环热效率的直接影响

　　膨胀比可变是四冲程自由活塞发动机的重要特色,对发动机的性能有重要影响。在理论循环下,膨胀比对自由活塞发动机循环功和循环热效率的影响分别如图 2.3、图 2.4 所示。在压缩比不变时,随膨胀比增加,循环功和循环热效率曲线近似为抛物线,亦即循环功和循环热效率存在极大值。

　　循环热效率极大值时所对应的膨胀比定义为"最优膨胀比"。对膨胀比求偏导,并令其等于 0,可求得最优膨胀比 λ_{opt}:

$$\frac{\partial \eta}{\partial \lambda} = \frac{k-1}{\lambda^k}\left[1 + \frac{(A/F)T_1 c_v \varepsilon^{k-1}}{q}\right] - \frac{(A/F)T_1 p_0 C}{\varepsilon \rho q \left(\dfrac{T_0}{T_1}\pi_c C - 1\right)} = 0$$

$$(2.33)$$

$$\lambda_{\text{opt}} = \left\{ \frac{(k-1)\left[q + (A/F)T_1 c_v \varepsilon^{k-1}\right]\varepsilon \rho q \left(\dfrac{T_0}{T_1}\pi_c C - 1\right)}{(A/F)T_1 p_0 C} \right\}^{\left(\frac{1}{k}\right)} \tag{2.34}$$

在膨胀比增大的初期,由于膨胀比的增加延长了做功冲程,因而系统循环功和循环热效率均随之迅速增加,达到最优膨胀比时,循环功和循环热效率达到最大,而后随着膨胀比增大,缸内压力大幅减小,活塞做功能力减弱,循环功和循环热效率随之降低。理论上与每个压缩比都对应一个可使自由活塞发动机循环功和循环热效率达到最大值的最优膨胀比,且理论上的最优膨胀比随压缩比增大而增大,这是因为在其他情况相同时压缩比越大,压缩终点的温度和压力也越高,在燃用相同燃料时,所达到的峰值温度和峰值压力也越高,因而相应的膨胀做功能力也越强,发动机热效率亦随之增高,对应的最优膨胀比也相应增大。

通常所说发动机热效率随压缩比增大而增加,这种说法并不是特别准确,更确切的说法是发动机存在最优膨胀比,在膨胀比小于最优膨胀比时,发动机热效率随膨胀比增大而增大。

3) 缸外独立压缩对自由活塞发动机循环功的影响

图 2.5 所示为自然吸气和经缸外独立压缩至 0.13 MPa 下的循环功,由

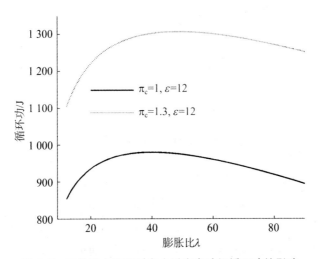

图 2.5　缸外独立压缩对自由活塞发动机循环功的影响

图 2.5 中可看出,经缸外独立压缩后循环功迅速增加,这是因为经缸外独立压缩后,循环进气量随之增加,因而循环功也随之增加,在未改变发动机几何结构的前提下,弥补了汽油机改为天然气发动机后动力性下降的不足。

4) 中冷温度对缸内峰值压力和峰值温度之比的影响

随压缩比增加,在同一中冷温度时自由活塞发动机缸内峰值温度与传统发动机缸内峰值温度的比值也在增加。中冷温度对缸内峰值压力比值的影响如图 2.6 所示。但增幅不大(小于 5%),且中冷温度越低,压缩比对比值的影响也越小。这是因为缸内峰值温度由两部分组成,一部分是由于燃料燃烧放出的热量使工质温度上升部分,这部分是缸内峰值温度的主要组成部分,对于自由活塞发动机和传统发动机是相同的;另一部分是压缩终了温度,自由活塞发动机采用缸外独立压缩再经过中冷器冷却后,工质压缩终了温度差别并不大,所以,自由活塞发动机与传统发动机缸内峰值温度的差值不大。

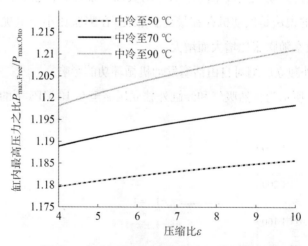

图 2.6　中冷温度对缸内峰值压力比值的影响

相同压缩比时,自由活塞发动机与传统发动机缸内峰值压力之比随中冷温度的升高而升高,但涨幅不大,中冷温度对缸内峰值温度之比的影响如图 2.7(缸外独立压缩比 1.3)所示。这主要是由于随中冷温度的减弱,缸内峰值温度随之小幅增加的缘故。对于点燃式发动机可通过低压缩比、高膨胀比防止爆燃,采取缸外独立压缩的方式解决低压缩比所引起的进气量不足;降低中冷温度,不仅可以增加进气量,还可有效降低缸内峰值压力,减小发动机的机械负荷。

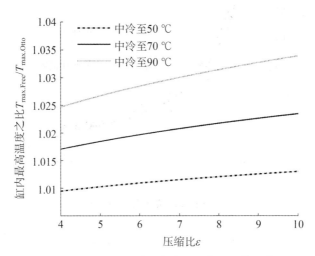

图 2.7　中冷温度对缸内峰值温度之比的影响

2.3.2.5　膨胀比极限分析

为保证活塞膨胀做功后期压力不至于太低,往往并不能取得使自由活塞发动机热效率达到最大的最优膨胀比。缸外独立压缩比为 1(即自然吸气)时,膨胀比对膨胀做功后最低点压力的影响如图 2.8 所示,压缩比不变时,膨胀比越大,膨胀做功后最低点压力越低,为保证活塞有足够的做功能力和便于废气排出,膨胀终了压力不宜太低。

膨胀终了压力与大气压相等时对应的膨胀比定义为膨胀比极限,亦即在压缩比一定时,有一对应的膨胀比极限,图 2.8 中的 3 条粗线与细虚线的交点即为相应压缩比时的膨胀比极限。由 3 个交点可以看出,在进气量相同、燃油供应量相同的情况下,膨胀比极限随压缩比增加而增大,但都小于使得发动机达到最大效率时的最优膨胀比,因而,自由活塞发动机的膨胀过程只能工作于图 2.4 抛物线的上升段。

缸外独立压缩比对膨胀比极限的影响如图 2.9 所示。压缩比一定时,由图 2.9 可以看出,随缸外压缩增加、中冷温度降低,膨胀比极限也随之增加,这可由膨胀比极限的定义推得。

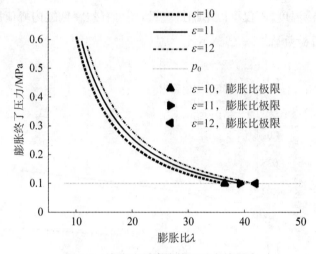

图 2.8　膨胀比对膨胀终了压力的影响

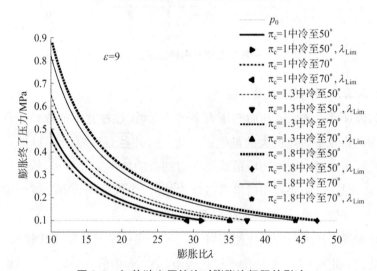

图 2.9　缸外独立压缩比对膨胀比极限的影响

根据膨胀比极限定义

$$p_4 \geqslant p_0 \tag{2.35}$$

$$p_4 = \left(\frac{1}{\lambda}\right)^k \left[\frac{q}{(A/F)T_1 c_v \varepsilon^{k-1}} + 1\right] \pi \varepsilon^k p_0 \tag{2.36}$$

由此可得

$$\lambda_{\text{Lim}} \leqslant \frac{\pi q \varepsilon}{(A/F) c_v T_1} + \pi \varepsilon^k \tag{2.37}$$

　　由此也可看出在理论工作循环分析中,膨胀比极限仅与压缩始点温度 T_1、压缩比 ε、缸外压缩比 π_c 及工质属性相关的定容比热 c_v、k、q 等相关,压缩比越高,膨胀比极限也越大,高膨胀比所产生的效果亦更明显,而在缸内压缩受限的情况下,采用缸外独立压缩的方式,不仅可增加进气量,而且还可增大发动机的输出功率和转矩;通过中冷技术降低压缩始点温度,不仅可增加发动机的进气密度,提高发动机的输出,而且还可增大膨胀比极限,为提高发动机热效率给予理论论证。

2.3.2.6　膨胀比极限与最优膨胀比比较

　　图 2.10 为相同压缩比下膨胀比极限与最优膨胀比的对比,由图 2.10 中可看出,膨胀比极限最大时的膨胀比,未考虑膨胀终了压力,实际情况是由于膨胀终了压力所限,热效率达不到理论计算的最大值,因此实际循环中,膨胀比要小于膨胀比极限。

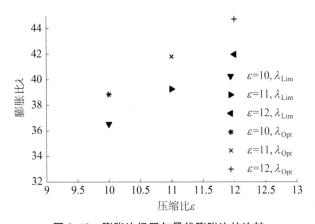

图 2.10　膨胀比极限与最优膨胀比的比较

2.4　基于热力学第二定律的理论循环㶲分析

　　热力学第一定律从能量"量"的属性角度阐明能量转换过程中所须遵循的规律,而实际上能量不仅有数量多寡的区分,还有品质高低的不同,热力学第二定律从能量"质"的属性阐述能量转换所须遵循的规律。本节采用㶲分析方法确定㶲损失的环节、大小及其产生原因,研究关键参数对自由活塞发动机能量转换效率的影响。

从热力学第二定律来看,热量在向机械功转变时,不可能全部转变为有效功,而㶲(exergy)是指在环境条件下,热量中理论上最大能转变为有效功的那部分能量:

$$E_{x,Q} = Q\left(1 - \frac{T_0}{T}\right) \tag{2.38}$$

式中,T_0 为环境温度(K);$E_{x,Q}$ 为㶲(kJ)。

㶲可以分成机械㶲、热量㶲和化学㶲等,任何形式能量的㶲都是在系统与其环境达到平衡过程中理论上所能转换为有用功的那部分能量,即所能做出的最大有用功,它代表的是物质系统含有的能量中可转换为有用功的最大值。㶲分析法可以揭示发动机热力循环过程中各部分的㶲损失,为节约能源、提高燃料经济性提供热力学基础。

2.4.1　㶲分析计算模型

基于缸外独立压缩中冷的自由活塞发动机理论循环㶲分析模型如图2.11所示,自由活塞发动机系统可看作由缸外独立压缩机、中冷器和自由活塞发动机等子系统组成。

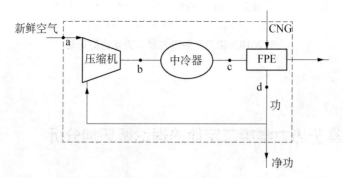

图 2.11　㶲分析计算模型

2.4.2　㶲分析

1) 燃料㶲值计算

在发动机循环过程计算中,依据参考文献,燃料㶲值可计算如下:

$$E_{\text{x, fuel}} = 1.06 \text{LHV} m_{\text{g}} \qquad (2.39)$$

式中,$E_{\text{x, fuel}}$ 为燃料㶲值(kJ);LHV 为燃料低热值(kJ/kg)。

2) 缸外压缩子系统㶲平衡计算

缸外压缩过程中进入压缩机的为新鲜空气,压力为 p_0,温度为 T_0,所以流入压缩机入口㶲值为 0,压缩机压缩过程的㶲损失可通过式(2.40)计算:

$$E_{\text{x, L, Compressor}} = m_{\text{air}} T_0 \left(c_{\text{p}} \ln \frac{T_{7'}}{T_{6'}} - R_{\text{g}} \ln \pi_{\text{c}} \right) \qquad (2.40)$$

式中,$E_{\text{x, L, Compressor}}$ 为压缩机压缩过程的㶲损失(kJ)。

3) 缸外中冷子系统㶲平衡计算

经压缩机压缩后的气体,不仅压力上升,而且温度也上升,若缸外独立压缩后的高温气体直接进入气缸,则因气体温度过高可能会导致发动机损坏甚至熄火,经图 2.2 中 2-3 的冷却过程冷却到一定的温度后再进入气缸,这样不仅可提高换气效率,而且还可提高发动机热效率。冷却过程中,压力不变,为压缩机出口压力,同时也是发动机入口压力,只是温度由缸外独立压缩后的温度降至进气入口温度 T_1,中冷过程向环境散热损失的㶲由式(2.41)计算:

$$
\begin{aligned}
E_{\text{x, L, Intercooler}} &= E_{\text{x, b}} - E_{\text{x, c}} \\
&= m_{\text{air}} \{ (h_{\text{b}} - h_0) - T_0(s_{\text{b}} - s_0) - [(h_{\text{c}} - h_0) - T_0(s_{\text{c}} - s_0)] \} \\
&= m_{\text{air}} \left[c_{\text{p}}(T_{7'} - T_7) - T_0 \left(c_{\text{p}} \ln \frac{T_{7'}}{T_7} - R_{\text{g}} \ln \frac{p_{7'}}{p_7} \right) \right]
\end{aligned}
$$

$$(2.41)$$

式中,$E_{\text{x, L, Intercooler}}$ 为空气经过中冷器㶲损失(kJ)。

4）自由活塞气缸子系统㶲平衡计算

自由活塞发动机缸内过程与传统 Otto 循环发动机很相似，区别只是各点具体状态不同。假设气体进入控制体内的动能、位能均可忽略。

压缩过程和膨胀过程均简化为等熵过程，所以，自由活塞发动机子系统的㶲平衡方程如下：

$$E_{\text{x. L. Cylinder}} = E_{\text{x, fuel}} + E_{\text{in}} - E_{\text{out}} - E_{\text{W}} \tag{2.42}$$

$$E_{\text{W}} = m_{\text{air}}\left[1 + 1/(A/F)\right]c_{\text{p}}(T_3 - T_4) - m_{\text{air}}\left[1 + 1/(A/F)\right]c_{\text{p}}(T_2 - T_1) \tag{2.43}$$

$$
\begin{aligned}
E_{\text{out}} &= (h_4 - h_0) - T_0(s_4 - s_0) \\
&= m_{\text{air}}(1 + F/A)c_{\text{p}}(T_4 - T_0) - \\
&\quad m_{\text{air}}(1 + F/A)T_0\left(c_{\text{p}}\ln\frac{T_4}{T_0} - R_{\text{g}}\ln\frac{p_4}{p_0}\right)
\end{aligned} \tag{2.44}
$$

式中，$E_{\text{x. L. Cylinder}}$ 为自由活塞发动机气缸子系统㶲损失（kJ）；E_{in} 为随空气进入气缸带入的㶲（kJ）；E_{out} 为随废气排出气缸损失的㶲（kJ）；E_{W} 为轴功（kJ）。

由于燃烧过程本身是一种不可逆的化学反应过程，因而存在㶲损失，燃料燃烧过程㶲损失可分成两部分，一部分是由于燃料不完全燃烧造成的燃烧过程不可逆㶲损失，这部分可通过改进燃烧过程，使燃料快速完全燃烧，这部分㶲损失可以减少甚至避免；另一部分则是由于燃烧不可逆造成的㶲损失，在理论循环计算中，假设燃料完全燃烧，所以燃烧过程只是燃烧不可逆造成的㶲损失，燃烧不可逆成的㶲损失可由式（2.45）计算：

$$E_{\text{x. L. Combustion}} = m_{\text{air}}T_0\left[1 + 1/(F/A)\right]\left(c_{\text{p}}\ln\frac{T_3}{T_2} - R_{\text{g}}\ln\frac{p_3}{p_2}\right) \tag{2.45}$$

式中，$E_{\text{x. L. Combustion}}$ 为燃烧不可逆㶲损失（kJ）。

5）自由活塞发动机㶲效率计算

㶲是能够转变为有用功的那部分能量，由于实际循环过程都是不可逆的，㶲损失是必然存在的。因而可以通过㶲损失大小衡量该循环的热力学完善程度，㶲损失大，说明过程或系统的不可逆性大，但㶲损失大小不便于比较不同循环参数下热力过程的完善程度,不能客观评价此参数下热力循环过程中㶲的利用程度。通常用㶲效率表示热力系统中㶲的利用程度。

热力系统的能量传递和转换过程中,被利用的㶲与耗费的㶲的比值被定义为㶲效率,结合㶲效率的定义,自由活塞发动机的㶲效率可通过式(2.46)计算:

$$
\eta_{\mathrm{Ex,\ Free}} = \frac{E_{\mathrm{gain}}}{E_{\mathrm{pay}}}
$$

$$
= \frac{m_{\mathrm{f}} E_{\mathrm{x,\ fuel}} - E_{\mathrm{x,\ L,\ Compressor}} - E_{\mathrm{x,\ L,\ Intercooler}} - E_{\mathrm{x,\ L,\ Cylinder}}}{m_{\mathrm{f}} \cdot E_{\mathrm{x,\ fuel}}}
$$

$$
\tag{2.46}
$$

2.4.3 㶲分析计算结果

在条件参数为 $p_0 = 101\ 325\ \mathrm{Pa}$、$T_0 = 298\ \mathrm{K}$ 时,理论空燃比 17.2,最大膨胀冲程 75 mm 时,计算结果见表 2.1。

表 2.1 气缸参数数据

指示功率/kW	LHV/(kJ/kg)	每循环燃料质量/kg	每循环排气质量/kg	排气温度/K	排气压力/MPa
2	50 200	0.000 169 6	0.003 087 6	1 031.3	0.253 6

1) 压缩比的影响

压缩比是发动机非常重要的参数,随着压缩比的增大,压缩终点即燃烧始点压力和温度均上升,而提高温度和压力均可提高热力系统㶲值,这是因为发动机需要在高温高压下燃烧,提高温度可提高工质能量的数量(热力学能或焓);提高温度的同时,工质的熵也随之增加,使得工质能量的品质下降,部分抵消工质能量的数量增大带来的收益,因此提高压力比、提高温度对提高工质㶲值更有效;同时提高压缩比,还可减少燃烧㶲损失,因此压缩比的增大,可提高系统㶲值和系统㶲效率。压缩比对㶲效率影响如图 2.12 所示。

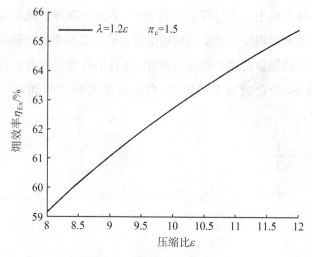

图 2.12　压缩比对㶲效率影响

2）膨胀比的影响

运动相对自由是自由活塞发动机的优势，膨胀比大于压缩比是自由活塞发动机的特色，基于 Atkinson 循环的自由活塞发动机压缩比与膨胀比分离，利用高膨胀比延长膨胀做功冲程，降低了膨胀终点温度和压力。在理论循环中，不进行化学反应时，理想气体的㶲可分为温度㶲和压力㶲两部分，膨胀终点温度和压力在随膨胀比增大而降低的同时，也使得废气中的温度㶲和压力㶲大大降低，如图 2.13 所示。膨胀终点压力的降低在减少废气压

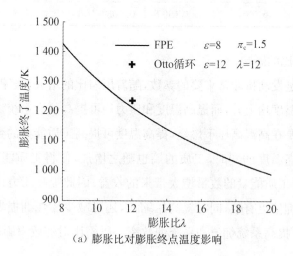

（a）膨胀比对膨胀终点温度影响

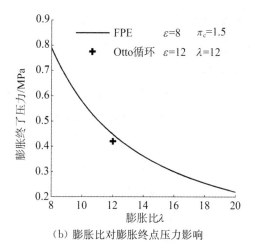

（b）膨胀对膨胀终点压力影响

图 2.13　膨胀比对膨胀终点重要参数影响

力烟的同时,还可降低排气过程的节流损失,而膨胀终点温度的降低,不仅提高了发动机的耐久性,还降低了发动机的排放。

高膨胀比自由活塞发动机打破了传统发动机压缩比与膨胀比须保持一致的限制,一方面由于膨胀比的增大,膨胀冲程的延伸,自由活塞的对外输出功也随之增加,这意味着更多的能量输出,提高了㶲效率,如图 2.14 所示;另一方面,膨胀冲程的延伸,使得膨胀冲程终点的压力和温度也大幅下

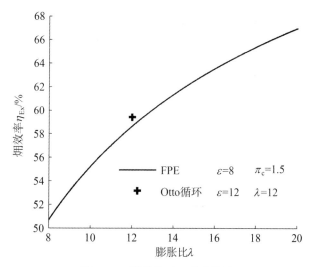

图 2.14　膨胀比对㶲效率影响

降,降低了废气中所含的㶲,废气中的㶲损失减少也会使得发动机的㶲效率提升,因而采用高膨胀比的自由活塞发动机更节能。

3) 缸外独立压缩的影响

随着节能环保要求越来越高,小排量发动机的应用越来越广,但发动机小型化后由于排量降低而使得动力性变差,即输出功率尤其是最大功率下降。对于天然气发动机,气体燃料在气道内喷射,燃料本身占有一定容积,在气缸工作容积不变的情况下,限制了进入到气缸中的空气量,发动机所能输出的最大功率主要由气缸内燃料燃烧所放出的热量决定,而循环所放热量又受到循环吸入到气缸内实际工质质量限制,采用缸外独立压缩技术后,空气在进入气缸前压缩,工质密度增加,同样气缸工作容积内进入气缸的新鲜空气质量增多,循环中可喷入更多燃料,相同转速下,发动机可输出更大功率。对于点燃式自由活塞发动机,为了防止爆震的出现,缸内压力不能过高。为了比较缸外压缩对㶲效率的影响,压缩终点压力和膨胀终点压力分别设为定值($\pi_c = 1.5$,$\varepsilon = 8$,$\lambda = 18$),缸外独立压缩比对缸压和㶲效率的影响如图 2.15 所示,为了保证压缩终点压力恒定,缸内压缩比需要随缸外独立压缩比的增加而相应减小,膨胀终点压力保持不变,㶲效率随缸外独立压缩比增加而增加,缸外压缩对小缸径发动机很有利。

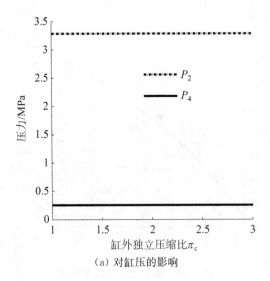

（a）对缸压的影响

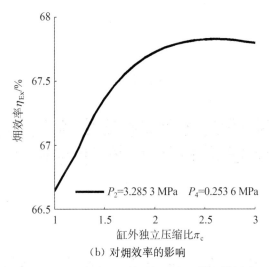

（b）对㶲效率的影响

图 2.15　缸外独立压缩对缸压和㶲效率的影响

　　本章建立了基于缸外压缩中冷的四冲程自由活塞发动机热力学模型，并依据热力学第一定律和第二定律进行了相应分析，通过本章研究可得出如下结论：

　　（1）为了提高发动机热效率，膨胀比大于等于压缩比（Otto 循环膨胀比等于压缩比；Atkinson 循环膨胀比大于压缩比），压缩比增大的同时膨胀比也随之增加，一般的说法是增大压缩比可提高发动机动力性和经济性，其实更确切的说法是膨胀比的增大提高了发动机的做功能力，进而改善了发动机的动力性和经济性。

　　（2）依据循环热效率最高，定义了最优膨胀比；依据膨胀终了压力所限，定义了膨胀比极限。经对比发现，膨胀比极限小于最优膨胀比，因此实际膨胀比需小于膨胀比极限，且膨胀比极限仅与压缩始点温度 T_1、压缩比 ε、缸外压缩比 π_c 及工质属性相关的定容比热 c_v、k、q 等相关，压缩比越高，膨胀比极限也越大，高膨胀比所产生的效果亦更明显。

　　（3）缸外独立压缩不仅可提高工质密度，增加进入气缸内新鲜空气质量，弥补气体燃料动力性不足的缺点，而且还可提高自由活塞发动机热效率和㶲效率。

第 3 章

四冲程自由活塞天然气发动机
原理样机系统设计与试验

在自由活塞发动机热力学分析过程中,理论分析和数值模拟计算与试验研究相辅相成、取长补短,理论分析和数值模拟计算可为新设计的发动机进行性能分析和预测,提高发动机研制的科学性、减少盲目性,并提高研制效率,但同时理论分析和数值模拟计算需要试验验证支持。

为验证四冲程自由活塞天然气发动机理论模型和仿真分析结果的正确性,掌握自由活塞发动机的实际动态特性,同时验证四冲程自由活塞发动机的多燃料适应性及其可充分发挥不同燃料物性的特点,开展了四冲程自由活塞天然气发动机原理样机试验研究。

本章在原四冲程自由活塞汽油发动机原理样机基础上,完成了四冲程自由活塞天然气发动机原理样机设计,搭建了自由活塞天然气发动机原理样机试验平台,对四冲程自由活塞天然气发动机原理样机主要性能进行了测试、对试验结果进行了分析,并用试验数据对模拟计算结果进行了验证;在四冲程自由活塞天然气发动机成功运行的同时,还对自由活塞发动机的多燃料适应性进行了验证。

3.1　原理样机系统设计

试验所用发动机是在原 462 汽油发动机基础上改装而成的单缸电控喷射天然气自由活塞发动机,原理样机系统原理图如图 3.1 所示,样机主要参数见表3.1。

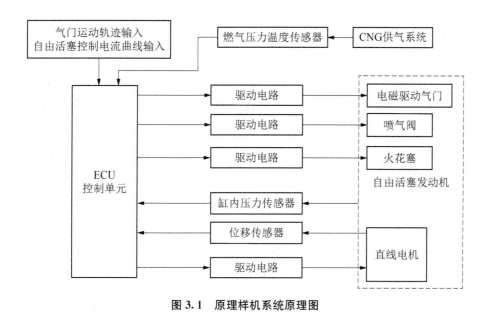

图 3.1　原理样机系统原理图

表 3.1　样机主要参数

项目	参数	项目	参数
型式	直列	活塞组件质量	3 kg
缸数	单缸	最大行程	75 mm
燃烧方式	点燃式	运转频率	25 Hz
缸径	62 mm	输出功率	2 kW

　　四冲程自由活塞天然气发动机的控制系统采用课题组自行设计开发的控制系统,将电磁驱动气门运动轨迹和自由活塞的控制电流曲线输入控制单元,按照控制算法输出 PWM 信号控制电磁驱动气门和自由活塞运动,反馈位移信号进行闭环控制,并由缸内压力传感器测得缸内实时压力信号记录软件中,实现对自由活塞运动的信号采集和闭环控制。

　　在机械结构方面,四冲程自由活塞天然气发动机相对于四冲程自由活塞汽油发动机的主要区别在进气系统、喷射系统和点火系统三个方面,故原理样机设计主要包括 CNG 供气系统设计、CNG 喷射系统设计和 CNG 点火系统设计。

3.1.1 CNG 供气系统设计

CNG 供气系统如图 3.2 所示,从 CNG 气瓶里出来的高压气体在进入减压阀之前通过高压钢管连接高压滤清器和高压电磁阀,以防止泄漏。高压滤清器可过滤掉 95% 的 0.3~0.6 μm 的微粒,减少颗粒对系统的污染。高压电磁阀通过电控方式接通和截断天然气气路,起开关保护作用;减压阀选用的是专门用于天然气发动机的单级高压减压阀,直接把气瓶内天然气压力降低到减压阀调定压力 0.4 MPa(相对压力);经减压阀减压后供给 CNG 供气系统的核心部件喷气阀,经喷气阀喷入进气道接近气缸入口处与空气混合,而后进入气缸,实现天然气供给。需要注意的是由于从 CNG 气瓶出来的天然气至减压阀入口间均为高压气体,所以为了防止出现泄漏,CNG 气瓶与高压滤清器、高压滤清器与高压电磁阀及高压电磁阀和减压阀中间的连接管路必须采用高压钢管。减压阀出口压力为 0.4 MPa,因此为便于连接同时又保证密封,减压阀出口至 CNG 喷气阀间选用可承受一定压力的低压软管连接。

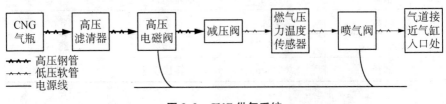

图 3.2　CNG 供气系统

3.1.2 CNG 喷射系统设计

天然气供给方式在一定程度上影响发动机的动力性、经济性和排放性能,目前天然气供气方式可分为以下三种:

(1) 进气道混合器预混供气方式。供气系统采用类似化油器的文丘里管或比例调节的机械式混合气供给方式,虽然结构简单,但是因为不能精确控制 CNG 供给,无法实现闭环控制,所以其排放难以达标,已逐渐被淘汰。

(2) 电控喷射方式。喷气阀安装在进气歧管(电控单点喷射)或各缸进气道的进气门处(电控多点喷射)的喷射系统统称为电控喷射系统,均实现了对 CNG 供给的闭环控制,但电控单点喷射响应时间更长,进气道内接近气门处喷射响应更快,形成的混合气更加均匀。

(3) 缸内气体直喷方式。将 CNG 直接喷入气缸内,在不影响空气进气量的同时实现了对 CNG 供给的质调节,虽然因结构复杂、要求高,目前并未广泛应用,但是 CNG 缸内直喷是未来 CNG 喷射系统的发展趋势。

综合上述三种喷射方式特点,试验中 CNG 采用缸外进气道内接近气门处喷射,CNG 在缸外和空气预先混合,在燃用汽油的自由活塞发动机基础上,发动机缸体结构不须做任何改进,只须通过软件就可以严格控制天然气喷射时间和进、排气门及活塞运动位置相对关系,可依据需要定时定量供气,混合气更加均匀且适应性更好;但缸外进气道喷射会导致充气效率下降,由于天然气辛烷值可达 130,自由活塞天然气发动机可方便地通过延长进气冲程和增大压缩比的方式弥补缸外喷射造成的充气效率下降的不足。

喷气阀选用专门用于 CNG 发动机供气系统的电磁喷气阀(图 3.3a),CNG 喷射系统通过 7～16 V 电压采用 PWM 驱动方式,PWM 脉冲的高位脉宽直接反映天然气喷射量,天然气喷射有效脉宽的设置还须考虑电磁阀开启、关闭的滞后时间。喷气阀驱动采用高位和低位开关驱动方式(图 3.3b),喷气阀开启后维持电流由低位开关持续时间决定,高位开关控制喷气阀打开电流的最大数值,喷气阀驱动电流为 4 A,而维持电流为 1 A。CNG 喷气阀实物和驱动电路如图 3.3 所示。

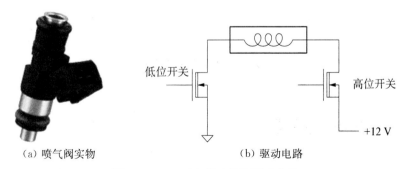

(a) 喷气阀实物　　　　　　(b) 驱动电路

图 3.3　CNG 喷气阀实物和驱动电路

3.1.3　点火系统设计

由于天然气着火温度高,火焰发展周期长,着火性能相对较差,因此天然气需要高能点火系统,通过计算机芯片可精确控制点火时刻和点火能量,点火能量太小,天然气不能顺利燃烧,点火能量太大则是一种浪费,精确的点火时刻对天然气的燃烧效率至关重要。点火能量可按式(3.1)计算:

$$E_{ig} = \int_0^t ui\,\mathrm{d}t = \int_0^i Li\,\mathrm{d}i = \frac{1}{2}LI^2 \tag{3.1}$$

式中,E_{ig} 为点火能量(J);u 为电压(V);i 为电流(A);L 为初级线圈电感(H);I 为初级线圈断开时最大电流(A);t 为充电时间(s)。

天然气发动机试验过程中,通过调整初级线圈通电时间来调整初级线圈断开时刻的最大电流,进而调控点火能量大小。

为了使天然气顺利点燃,本试验采用的是实验室自行设计开发的全数字式电控点火模块,由点火线圈、火花塞、点火控制单元和电源等组成,其中点火线圈选用的是顶置式天然气点火线圈 DQZ9109,点火驱动电路如图3.4所示。

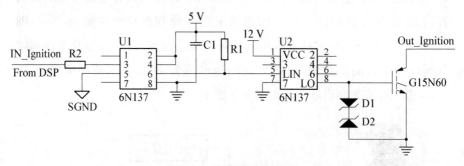

图 3.4　点火驱动电路图

3.2　试验测试装置

在搭建的四冲程自由活塞天然气发动机试验台架中,传感器是试验测量中最重要的硬件,测量精度很大程度上由传感器精度决定。依据传感器静态特性稳定、动态特性响应迅速的原则,测试过程中所选用的传感器和测试设备主要包括激光位移传感器、缸内压力传感器和燃气压力温度传感器,另外还有电流传感器、电压传感器和电荷放大器等。主要传感器及其性能指标见表 3.2。

表 3.2　主要传感器及其性能指标

主要传感器	性 能 指 标
激光位移传感器	分辨率:1.5 μm;线性度:≤30 μm;测量起点:70 mm;量程:100 mm;测量中点:120 mm;测量终点:170 mm
缸内压力传感器	分辨率:0.069 kPa;非线性:≤2% F·S 上升时间:≤μs;量程:20 685 kPa 灵敏度:158.5 pC/MPa;共振频率:≥200 kHz
燃气压力温度传感器	压力量程:50~1 000 kPa;温度量程:-40~+125 ℃ 压力误差:±5 kPa;温度误差:±0.9 K

缸内压力传感器是直接感知发动机缸内工质状态的关键部件,其性能在一定程度上决定了试验中采集缸内工质状态数据的质量,试验中选用的是集火花塞于一体的缸内压力传感器;活塞位移由高精度激光位移传感器测得;燃气压力温度由燃气压力温度传感器测得。

3.3　原理样机及试验台架

在原自由活塞汽油机原理样机基础上,去掉供油系统,增加天然气供气系统,构建的四冲程自由活塞天然气发动机样机系统如图 3.5 所示,系统主要由天然气供气系统、燃烧室、控制部分和监测部分等组成。

1—电源；2—控制器；3—上位机；4—CNG压力温度传感器；5—自由活塞发动机；
6—减压阀；7—高压电磁阀；8—高压滤清器；9—高压无缝钢管；10—CNG气瓶

图 3.5   自由活塞天然气发动机原理样机试验台架

3.4   CNG 燃料理论空燃比计算

试验用天然气(CNG)，除主要成分 CH_4 外还含有乙烷、丙烷和丁烷等气体烃类燃料，具体成分见表 3.3，烃的总含量达 97.121%，天然气高热值为 36.75 MJ/m³，低热值为 33.2 MJ/m³。

表 3.3   CNG 主要成分

组分	质量百分比/%	组分	质量百分比/%
CH_4	94.71	nC_5H_{12}	0.003
C_2H_6	1.927	He	0.030
C_3H_8	0.338	H_2	0.008
$i-C_4H_{10}$	0.059	N_2	0.353
$n-C_4H_{10}$	0.056	CO_2	2.488
$i-C_5H_{12}$	0.028		

试验用天然气主要成分为甲烷,甲烷与氧气化学反应式如式 3.2 所示:

$$CH_4 + 2O_2 \longrightarrow CO_2 + 2H_2O \tag{3.2}$$

空气中的主要元素是 O 和 N,按体积 O_2 约占 21%,N_2 约占 79%;按质量计,O_2 约占 23.3%,N_2 约占 76.7%,由化学反应式(3.2)可知,燃烧 1 mol 甲烷需要 2 mol 氧气,所以按照化学当量关系,由式(3.3)可求出甲烷的理论空燃比:

$$l_{CH_4} = \frac{1}{0.233} \frac{2 \times M_{O_2}}{M_{CH_4}} = \frac{1}{0.233} \times \frac{2 \times 32}{16} = 17.167 \tag{3.3}$$

3.5 样机运行试验

装载于增程式电动汽车和混合动力汽车上的自由活塞发动机主要工作在燃油经济性较好的特定区域,故试验测试时发动机频率控制在 25 Hz(当量转速 1 500 r/min)。

天然气与汽油物理化学性质对比见表 3.4,结合天然气着火温度高、火焰传播速度慢和燃料辛烷值高等物性,通过调整自由活塞上所加电磁力的大小、方向和位置,控制自由活塞运动速度和上止点、下止点位置,使天然气在自由活塞发动机中充分燃烧,真正成为发动机的清洁能源。

表 3.4 天然气与汽油物理化学性质对比

性质	燃料	
	天然气(甲烷)	汽油(90#)
H/C 原子比	4	2~2.3
相对分子量	16	96
密度/(kg/m³)	0.715(气态)	700~780
沸点/℃	−161.5	30~90
汽化热/[kJ/(kg·K)]	510	310~340
理论空燃比(质量比)	17.2	14.8

（续表）

性质	燃料	
	天然气（甲烷）	汽油（90#）
理论空燃比（体积比）	9.52	8.586
着火温度/℃（常温下）	537	390～420
着火界限/%	5～15	1.3～7.6
火焰传播速度/(m/s)	33.7	39～47
辛烷值 RON	130	92
十六烷值	<10	14
低热值/(MJ/kg)	50.05	43.9
混合气热值/(MJ/m³)	3.39	3.73～3.83
火焰温度/℃	1 918	2 197

3.6　试验结果分析

3.6.1　进气冲程长度对系统性能的影响

自由活塞发动机取消了曲轴飞轮组，其配气系统由传统的凸轮式配气系统改为作者所在课题组自行研制的动圈式电磁驱动配气系统，基于电磁驱动气门的全可变配气机构，取消了节气门，配气正时、气门升程等均可通过调整线圈电流通断时刻灵活调节，发动机负荷通过进气冲程长度的改变调节进入气缸中的空气量，减少了泵气损失，图 3.6 所示分别为进气冲程 48 mm 和 54 mm 两种情况，进气冲程越长，进气冲程进气量越大，可喷入的燃料也越多；同样都压缩至上止点时，压缩比相应也越大，因而发动机峰值压力也越大，对外输出功也随之增多，可承受负载也越大，实现了发动机负荷通过进气冲程长度来调整。

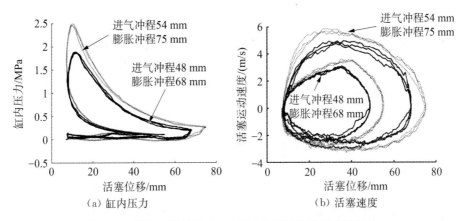

（a）缸内压力　　　　　　　（b）活塞速度

图 3.6　进气冲程长度对缸内压力和活塞运动速度的影响

3.6.2　压缩比对系统性能的影响

对于发动机来说,压缩比是一个非常重要的参数,对发动机性能影响较大,但由于传统发动机压缩比受机械结构限制不可变。Miller 循环发动机虽然可通过进气门早关或者迟闭调节进气冲程长度,膨胀冲程不变,相对调节压缩比,但是调节自由度受限。

压缩比对四冲程自由活塞天然气发动机缸内压力的影响如图 3.7 所示,在相同进气冲程的前提下,缸内峰值压力随压缩比增加而增加,由于天

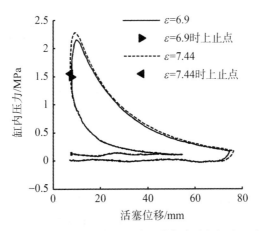

图 3.7　压缩比对四冲程自由活塞天然气发动机缸内压力影响

然气具有火焰传播速度慢、辛烷值高的特点,提高压缩比不仅满足天然气的燃烧需求而且可充分发挥其辛烷值高的优势,同时提高压缩比有利于使循环过程中的温度梯度得到一定程度的扩大,增大峰值压力,进而转换成的有用功也随之增加。

3.6.3 膨胀比对系统性能的影响

自由活塞发动机的优势之一是膨胀比与压缩比分离,增大膨胀冲程长度使气体充分膨胀,多做一部分功。膨胀比对缸内压力和输出电功率的影响如图 3.8 所示。提高发动机输出电功率,膨胀比由 10.09 增大到 11.02,发动机输出电功率由 1.92 kW 增至 2.217 kW,同时还可降低排气温度。由于天然气发动机燃料为气体,不像汽油机那样具有汽化吸热润滑作用,排气门与阀座间的干摩擦热负荷严重,提高膨胀比降低排气温度的同时,还可降低排气门与阀座间的温度,减少相关的摩擦和热负荷。

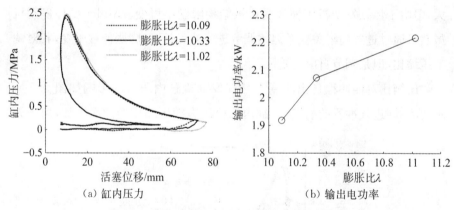

（a）缸内压力 （b）输出电功率

图 3.8 膨胀比对缸内压力和输出电功率的影响

3.6.4 点火时刻对系统性能的影响

自由活塞发动机通过激光位移传感器检测到活塞距离上止点前某一位置信号,控制点火线圈通电,实现火花塞点火,由于自由活塞运动完全由所受作用力决定,点火时刻对其影响很大,点火时刻对缸内压力和电功率的影响如图 3.9 所示。随点火时刻提前,点火时刻压力和温度均较低,导致发动机功率下降,并且点火困难;点火推后,压缩比增大,缸内峰值压力距离上止点偏远,发动机功率也会降低。

对于传统汽油机燃用天然气后,通常通过点火提前来弥补天然气燃烧时火焰传播速度慢的不利影响,但点火时刻提前后,缸内压力迅速升高,若此时要充分利用天然气辛烷值高的优点采用较大压缩比,则由于自由活塞运动组件质量小、运动惯性小,欲使活塞继续上行至较高位置、达到较大压缩比时,需要加载较大电磁力推动,压缩负功过大;点火时刻提前,缸内压力迅速升高的同时,缸内气体温度也随之迅速上升,使得传热增加,发动机对外输出电功率下降(压缩比 7.7,膨胀比 10.86 时,如图 3.9b 所示),对天然气发动机性能不利。

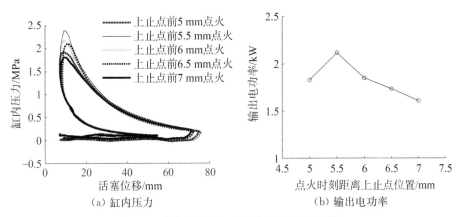

图 3.9 点火时刻对缸内压力和电功率的影响

(1) 在原四冲程自由活塞汽油发动机原理样机基础上,设计了天然气供气系统,改进了点火系统,搭建了四冲程自由活塞天然气发动机原理样机试验平台,并进行了相关台架试验,四冲程自由活塞天然气发动机原理样机可连续稳定运行。

(2) 自由活塞天然气发动机的点火时刻要迟于传统天然气发动机,以减少压缩负功和传热损失。

(3) 自由活塞天然气发动机膨胀比由 10.09 增至 11.02,发动机输出电功率由 1.92 kW 增至 2.217 kW,达到了样机以汽油为燃料时的输出功率,弥补了传统汽油机改用天然气后动力性下降的缺点。

（4）由于发动机缸盖为篷顶状，燃烧室容积较大，且受自由活塞初始设计最大行程所限(75 mm)，为防止活塞撞到气门，目前一代自由活塞发动机试验中最大压缩比只能达到 7.7 左右，远未达到天然气发动机较优压缩比12，因此原理样机试验测得数据远未达到最优，在一定程度上验证了自由活塞发动机的多燃料适应性，但未能验证充分发挥不同燃料物性优点，因此还有提升空间，将在二代自由活塞发动机设计中改进。

第 4 章

四冲程自由活塞发动机实际循环
三维瞬态数值模拟及验证

为了考查自由活塞发动机中活塞运动和气门运动对发动机工作的影响,需要依据自由活塞和电磁驱动配气机构的运动特点,建立自由活塞及电磁驱动配气机构的运动规律。

自由活塞发动机缸内工作过程既包含传热、复杂多变的三维瞬态流动等物理过程,又包含燃烧的化学过程,因此,为实现缸内工作过程的三维瞬态数值模拟计算,需要对缸内流动、传热和燃烧等过程建立相应数学模型;同时建立发动机三维几何模型,并进行网格划分。

本章在分析四冲程自由活塞三维数值计算过程的基础上,建立了包含气体流动、天然气喷射及燃烧室的数学模型;以某 462 单缸机作为研究对象,建立了包含进、排气道与燃烧的发动机三维几何模型,并对其进行了网格划分,基于商业软件 FLUENT 平台,建立了与自由活塞发动机运动相吻合的进气门、排气门及活塞运动规律,并验证了所建模型的正确性,探讨了活塞运动对缸内流场的影响。

4.1 三维数值模拟计算过程

依据内燃机数值模拟过程研究的时间顺序与发展层次,大体经历了单纯燃烧放热率计算、零维计算、准维计算和三维计算四个发展阶段。

1）内燃机数值模拟计算过程的四个发展阶段

（1）燃烧放热率计算。依据实测缸内压力，按照能量守恒方程与经验传热公式分析内燃机工作过程，其特点是简单、直观，缺点是只针对燃烧有一定作用。

（2）零维计算。又称单区计算，通过统计大量燃烧放热过程找规律，进而得到经验公式或拟合曲线，其特点是假设缸内过程均匀，缸内各点热力状态相同、化学组分相同，缸内各点参数不随空间坐标变化，只随时间变化，因而零维计算只能预估发动机热力过程主要性能参数，无法反映发动机真实的复杂物理、化学过程。

（3）准维计算。亦为多区计算，从实际发动机物理、化学过程出发，建立简化的燃烧模型，其特点是考虑了一些细节，诸如油束/气束形成与发展、油滴/气束与空气相对运动和油气浓度分布等，把发动机缸内空间（雾束或火焰）分成若干相对独立子区，子区内各自满足零维假设，因而准维模型其实是对零维模型的细化与修正，但依旧未能精确计算燃烧室几何参数变化及缸内实际气体流动的影响。

（4）三维数值计算。考虑了发动机缸内过程在三维空间实际分布，为此把缸内几何容积分成多个网格，每个网格均满足质量守恒定律、能量守恒定律与动量守恒定律等基本守恒定律。其计算结果可提供相对真实的发动机缸内过程参数，包括发动机缸内气体流态分布、流动发展趋势、能量与动量的传递与转换、混合气形成，以及进气门、排气门和自由活塞的边界运动等参数，且计算精度相对较高。

2）采用三维数值模拟方法对四冲程自由活塞发动全过程的计算

为了得到四冲程自由活塞发动机缸内工作过程的细节，探究自由活塞运动规律对缸内流场的影响，以期使自由活塞发动机效率最高，本章采用三维数值模拟方法对四冲程自由活塞发动机全过程进行计算。

四冲程自由活塞发动机三维数值模拟计算过程如图 4.1 所示，包括如下五步：

（1）针对四冲程自由活塞发动机建立其数学模型；

（2）依据四冲程自由活塞发动机燃烧室特点与三维数值模拟计算要求建立发动机三维几何模型并划分网格；

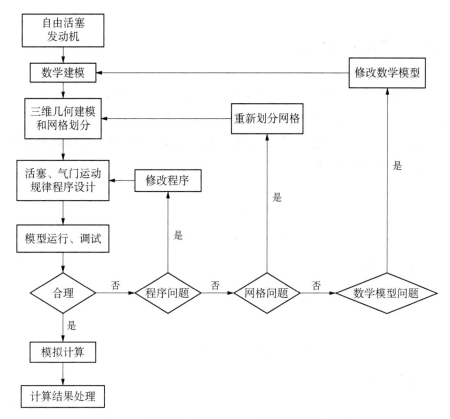

图 4.1　四冲程自由活塞发动机数值模拟计算过程

（3）活塞、气门运动规律程序设计，将活塞和气门运动规律用计算机可执行程序描述，并满足输出要求；

（4）模型运行、调试模型、分析模型运行结果是否合理，如不合理，须从前几步查找问题所在，修正后再运行直至得到满意结果；

（5）进行三维数值模拟计算并对计算结果进行后处理。

4.2　缸内工作过程数学模型的建立

四冲程自由活塞天然气发动机缸内过程涉及气体流动、天然气喷射和燃烧等，对其进行模拟计算前须建立的数学模型包括湍流模型、传热模型和燃烧模型等。

4.2.1　基本控制方程

对于四冲程天然气自由活塞发动机来说,无论其表现形式如何多变,计算情况多么复杂,都会遵循自然界的一些基本规律,即质量守恒定律、能量守恒定律和动量守恒定律,表达其物理、化学反应过程的数学表达式即为工作过程的基本控制方程。

连续方程

$$\frac{\partial \rho}{\partial t} + \frac{\partial}{\partial x_j}(\rho u_j) = 0 \tag{4.1}$$

动量方程

$$\frac{\partial (\rho U_i)}{\partial t} + \frac{\partial (\rho u_j u_i)}{\partial x_j}$$

$$= \rho g_i - \frac{\partial p}{\partial x_i} + \frac{\partial}{\partial x_j}\left[\mu\left(\frac{\partial u_i}{\partial x_j} + \frac{\partial u_j}{\partial x_i} - \frac{2}{3}\frac{\partial u_k}{\partial x_k}\delta_{ij} \right) \right] \tag{4.2}$$

能量方程

$$\frac{\partial (\rho h_0)}{\partial t} + \frac{\partial (\rho u_j h_0)}{\partial x_j}$$

$$= \frac{\partial}{\partial x_i}(\tau_{ij} u_j) + \frac{\partial}{\partial x_j}\left(\lambda \frac{\partial T}{\partial x_j} \right) + \rho q_R +$$

$$\frac{\partial}{\partial x_j}\left[\sum_l (\Gamma_l - \Gamma_h)\frac{\partial m_l}{\partial x_j} \right] \tag{4.3}$$

式中,ρ 为流体混合物密度。u_i、u_j、u_k 分别为 i、j、k 方向的分速度。g_i 为重力加速度在 i 方向的分量。p 为压力;μ 为流体动力黏性系数。δ_{ij} 为二阶单位张量,当 $i=j$ 时,$\delta_{ij}=1$;当 $i \neq j$ 时,$\delta_{ij}=0$。

4.2.2　湍流流动模型

在发动机整个工作循环中,缸内始终进行着极其复杂又瞬息万变的非稳态三维湍流运动,湍流流动决定缸内流场中可燃混合气的形成、分布、火焰传播速度和燃烧质量,因此湍流模型在发动机缸内流动模拟计算中尤为重要,经过对比分析不同湍流计算模型的特点,在确保计算精度和计算效率的前提下,本章选用 Realizable k-ε 湍流模型,其中 k 是湍动能,ε 是湍动能的耗散率,在模型中 k 和 ε 通过如下公式表述:

$$\frac{\partial}{\partial t}(\rho k) + \frac{\partial}{\partial x_j}(\rho k u_j) = \frac{\partial}{\partial x_j}\left[\left(\mu + \frac{\mu_t}{\sigma_k}\right)\frac{\partial k}{\partial x_j}\right] + G_k + G_b - \rho\varepsilon - Y_M + S_k$$

$$(4.4)$$

$$\frac{\partial}{\partial t}(\rho\varepsilon) + \frac{\partial}{\partial x_j}(\rho\varepsilon u_j)$$

$$= \frac{\partial}{\partial x_j}\left[\left(\mu + \frac{\mu_t}{\sigma_k}\right)\frac{\partial\varepsilon}{\partial x_j}\right] + \rho C_1 S_\varepsilon - \rho C_2 \frac{\varepsilon_2}{k + \sqrt{v\varepsilon}} +$$

$$C_{1\varepsilon}\frac{\varepsilon}{k}C_{3\varepsilon}G_b + S_\varepsilon \qquad (4.5)$$

式中,$C_1 = \max\left[0.43, \frac{\eta}{\eta+5}\right]$;$\eta = S\frac{k}{\varepsilon}$;$S = \sqrt{2S_{ij}S_{ij}}$;$C_2$ 和 $C_{1\varepsilon}$ 为常数;σ_k 和 σ_ε 分别为湍动能及其耗散率的湍流普朗特数。

FLUENT 中,作为默认值常数,$C_2 = 1.9$、$C_{1\varepsilon} = 1.44$、$\sigma_k = 1.0$、$\sigma_\varepsilon = 1.2$。

4.2.3　传热模型

缸壁的传热模型非常复杂,传导、对流和辐射为常见的三种传热方式。由于天然气燃烧过程中一般没有碳烟生成,所以,基本上不会出现柴油机中高温碳粒固体辐射现象,在这三种传热方式中,对流传热为天然气发动机中最主要的传热方式。复杂多变的缸内气体压力、温度和流动等对传热影响很大,要准确描述传热过程很困难,现在通常采用一些经验公式对传热过程进行分析。

发动机缸内传热可按经验公式(4.6)计算:

$$Q_{wi} = A_i \alpha_w (T_c - T_{wi}) \qquad (4.6)$$

式中,Q_{wi} 为壁面传热量(J);A_i 为表面积(m^2);α_w 为传热系数(计算中采用系统的缺省值）；T_c 为缸内气体温度(K)；T_{wi} 为壁面温度(K)。

4.2.4 燃烧模型

天然气发动机缸内燃烧是湍流燃烧,湍流流动参数与化学反应动力学参数相互影响,耦合机理非常复杂,至今未能对其机理得到统一认识。对于自由活塞天然气发动机中天然气的燃烧计算模型选择是预混湍流燃烧模型,当前 FLUENT 中适用于火花点燃式发动机的预混燃烧模型主要有 C 方程、延伸的相关火焰模型(Extended Coherent Flame Model)和 G 方程。湍流预混燃烧模型基于 Zimont 等人工作,涉及求解一个关于反应过程变量的输运方程,模拟的要点在于捕获湍流火焰速度,它受湍流和层流火焰速度的影响。其公式为

$$\frac{\partial}{\partial t}(\rho\bar{c}) + \nabla \cdot (\rho\bar{v}\bar{c}) = \nabla \cdot \left(\frac{\mu_t}{Sc_t} \nabla\bar{c}\right) + \rho S_c \tag{4.7}$$

式中,$\bar{c}$ 为反应进程变量；Sc_t 为湍流施密特数；S_c 为反应进程源项(s^{-1})。

反应进程变量定义为

$$c = \frac{\sum_{i=1}^{n} Y_i}{\sum_{i=1}^{n} Y_{i, eq}} \tag{4.8}$$

式中,n 为产物数量；Y_i 为第 i 种产物质量分数；$Y_{i, eq}$ 为 equilibrium 第 i 种产物质量分数。

由此定义可知,混合燃烧前,$c=0$;燃烧后,$c=1$。

平均反应速度建模为

$$\rho S_c = \rho_u U_t \mid \nabla c \mid \tag{4.9}$$

式中,ρ_u 为未燃烧混合物密度(kg/m^3)；U_t 为湍流火焰速度(m/s)。

预混燃烧模型中的关键是对 U_t 的计算,小涡将引起火焰前锋加厚,而大涡会引起火焰前锋皱折和拉伸,FLUENT 通过一个皱折和加厚的火焰前锋模型来计算 Zimont 湍流火焰速度:

$$U_{t}=A(u')^{3/4}U_{l}^{1/2}\alpha^{-1/4}l_{t}^{1/4} \tag{4.10}$$

$$U_{t}=Au'\left(\frac{\tau_{t}}{\tau_{c}}\right)^{1/4} \tag{4.11}$$

式中,A 为模型常数;u' 为均方根速度(m/s);U_{l} 为层流火焰燃烧速度(m/s);$\alpha=k/(\rho c_{p})$ 为未燃混合物摩尔传热系数;l_{t} 为湍流长度尺度(m);$\tau_{t}=l_{t}/u'$ 为湍流时间尺度(s);$\tau_{c}=\alpha/U_{l}^{2}$ 为化学反应时间尺度(s)。

湍流长度尺度 l_{t} 由下式计算:

$$l_{t}=C_{D}\frac{(u')^{3}}{\varepsilon} \tag{4.12}$$

式中,C_{D} 取适合于多数预混火焰计算时的缺省值。

FLUENT 中的预混燃烧模型假定燃料与空气混合充分,利用火焰锋面将反应流场分为未燃区和已燃区,通过求解反应进程变量(progress variable)的控制方程确定流场分布规律,控制方程源项即燃烧过程平均反应速度,计算过程中 FLUENT 将该反应速度与火焰湍流燃烧速度关联,正确预测湍流燃烧速率对于 FLUENT 中预混燃烧非常重要。

4.3　气道与燃烧室三维几何模型的建立及计算网格生成

以 462 单缸机作为研究对象,自由活塞发动机基本参数见本书第 3 章表 3.1。以四冲程自由活塞发动机进气、压缩、做功和排气全过程模拟仿真思想为基础进行计算分析,由于包含所有热力过程,故选取了包含进气道、排气道和燃烧室作为计算模型。

4.3.1　三维几何模型的建立

本章欲对双气门篷顶式缸盖四冲程自由活塞天然气发动机进行数值模拟计算,故须建立包括进气道、排气道和燃烧室的整个发动机模型。对三维几何模型的精确描述是数值模拟准确的前提条件,而对于像发动机这样复杂的结构完全按照其实体形状进行建模非常困难,也无必要,因此在保证不影响计算结果的前提下,对发动机实体进行了适当简化。

对于整个发动机气缸来说,活塞与缸壁间间隙造成的窜气对于发动机缸内燃烧影响不大,故忽略气缸壁与活塞之间间隙及活塞顶倒角。

冷态下的气门间隙在发动机工作过程中由于受热膨胀而变小,对于计算影响很小,为简化计算,忽略此气门间隙,并把此间隙设置为 0.2 mm,以便在接下来划分网格时生成一层网格便于气门运动的实现。

由于气门运动和活塞运动对计算结果影响较大,三维几何建模时对气门和活塞顶部建模尽可能忠实于原型。根据发动机模型的几何参数,通过三维机械设计软件 UG 绘制如图 4.2 所示的进气道、排气道和燃烧室的三维实体几何模型,此时活塞处于上止点,进排气门处于开启 0.2 mm 状态。

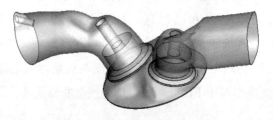

图 4.2   自由活塞发动机几何模型

4.3.2   计算网格生成

三维数值模拟计算过程中,网格划分非常重要,网格疏密程度和质量高低对计算精度和收敛难易程度有直接影响,对于发动机三维瞬态数值模拟计算更是如此。如果网格过疏可能使得计算结果不精确,甚至有可能导致计算不收敛;如果网格过密,会大幅增加计算量、延长计算时间。如果网格生成质量不高,即使采用高精度差分格式进行计算,也很难得到精度较高的数值解,甚至动网格更新过程中可能会出现负体积或者计算过程发散导致计算终止,因此网格生成在流场计算中占有重要地位。网格划分占据了整个模拟工作量的一半以上,高质量网格是数值模拟顺利进行的首要条件。高质量网格在真实反映几何结构的同时,还需要具有光滑、正交的特性,即较小的拉伸和剪切畸变。

由于自由活塞发动机缸盖结构不规则，计算区域比较复杂，为提高计算网格质量、降低计算区域网格离散程度并保证网格划分成功，把发动机切割成进气道区域、排气道区域、进气门区域、排气门区域、燃烧室区域和活塞区域等几个不同的区域，依据其结构特性和运动特性分别进行网格划分。

将 UG 建立的初始三维几何模型保存为 Parasolid（∗. x_t）格式输出，然后导入 Gambit2.4.6 中分块进行初始网格的划分，网格划分时需要建立合适的网格拓扑结构以方便计算中动网格的自动更新，建立网格结构时需要注意网格质量和数量。网格质量主要是指网格几何形状合理性，各边或各内角尽量相等、网格面扭曲度小和边节点位于边界等分点附近的网格质量较好，网格质量可通过扭曲度（skewness）、单元尺寸变化（change in cell-size）和长宽比（aspect ratio）等参数检查，高 skewness 的单元对计算收敛影响很大，有时就因其中一个高 skewness 单元就会导致出现负体积而发散，因此一般稳态计算要求网格的最大 skewness 小于 0.97，在动网格计算时对初始网格质量要求更高，最大 skewness 一般要低于 0.85；网格数量的多少影响计算结果精度和计算时间长短，增加网格数量可提高计算精度，但与此同时会延长计算时间，结合所用计算机配置在保证计算精度的前提下，尽量减少网格数量以减少计算时间提高计算效率。

自由活塞天然气发动机网格采用如下生成策略：进气门、排气门区域部分结构规则并且气门沿气门轴线运动，所以生成 0.6 mm 的六面体网格。气缸部分虽然结构规则并且伴有活塞运动，但是为了保证篷顶式燃烧室发动机压缩比足够大，气缸部分与燃烧室部分合为一体，考虑到燃烧室内流场复杂多变，故生成尺寸 1 mm 的四面体网格，而且由于活塞位移较大，故燃烧室内网格更新采用的是弹性光顺（spring smoothing）和局部重构（local remeshing）相结合的体网格再生方法。进气门、排气门上表面结构不规则但存在气门运动而使网格更新，故也生成尺寸 1 mm 的结构化网格；进气道末端结构不规则但因需要考虑天然气与空气在气道内混合过程，故生成尺寸 1 mm 的四面体网格。排气道末端由于结构不规则且此处流场不是本章研究主要内容，故通过局部加密函数（size function）加密排气道与排气门相连部分的网格，其余部分则可以采用稀疏网格，最终可生成最小尺寸为

1 mm、最大网格尺寸可以到 4 mm 的非结构网格 38 938 个,网格的最大 skewness 为 0.778 7。如果不采用局部加密函数,若以 1.5 mm 尺寸来划分网格,则要生成 61 857 个网格,其中网格最大 skewness 达 0.863 5;因而通过这个函数可以在保证计算需求的情况下,大大减少网格数量,最终建立如图 4.3 所示的初始计算网格,网格数量为 320 879 个,网格单元最大 Skewness 为 0.832 5,满足动网格计算需求。

(a) 通过进气门轴线剖面网格图　　(b) 通过排气门轴线网格图　　(c) 整体网格图

图 4.3　初始计算网格

划分好初始网格后,对于进气门、排气门间隙与燃烧室之间的连接 (intake-seat-ib 和 intake-seat-ob 及 exhaust-seat-ib 和 exhaust-seat-ob)及进气门、排气门上表面(intake-ib 和 intake-ob 及 exhaust-ib 和 exhaust-ob)等非连接面,为了在 FLUENT 中可以顺利进行数据传递与交流,需要在 FLUENT 中的 grid interface 进行相应设置,以便把相邻但未连接的面连接起来。

4.4　电磁驱动配气机构运动规律的实现

FLUENT 中动网格运动规律可通过 Profile 文件和 UDF(User Defined Function)二次开发两种方法实现。Profile 文件相对简单,但在定义网格运动时存在如下弊端:Profile 文件中给定的是离散点,无法精确定义连续运动;Profile 文件只能定义已知运动规律(已知节点运动速度或位移)的网格运动,因此 Profile 文件在定义网格运动规律时,受到一定限制。

由于配气机构是基于电磁驱动的全可变配气系统,气门升程、启闭时刻及开启时间都可以依据实际工况通过调整线圈电流的通断时刻进行控制,可实现无节气门负荷控制,减少了泵气损失,代表了配气机构的发展方向,气门从关闭至最大开度或从最大开度至彻底关闭只需 4 ms,气门最大升程可达 8 mm。其运动规律可视为已知,因此气门网格运动规律通过 Profile 文件实现,且为了使气门实际运动规律尽量与预先定义规律吻合,Profile 文件中的离散点数量不能太少。

4.5　自由活塞运动规律的实现

4.5.1　传统发动机活塞运动规律的实现

传统发动机中活塞运动如图 4.4 所示,活塞位移是曲轴转角函数,因此活塞运动规律曲线可由缸径、连杆长度和曲轴转速等相关参数通过式(4.13)确定:

$$L_{\mathrm{P}} = L + \frac{A}{2}(1 - \cos\theta) - \sqrt{L^2 - \frac{A^2}{4}\sin^2\theta} \qquad (4.13)$$

其中
$$\theta = \theta_{\mathrm{s}} + t\Omega_{\mathrm{shaft}} \qquad (4.14)$$

式中,L_{P} 为当前活塞位移(m);L 为连杆长度(m);A 为活塞冲程长度(m);θ 为当前曲轴转角(deg);θ_{s} 为起始曲轴转角(deg);Ω_{shaft} 为曲轴转速(r/min)。

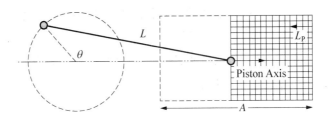

图 4.4　传统发动机活塞运动示意图

在已知缸径、连杆长度、曲轴转速及活塞初始位置(当前曲轴转角)后,即可直接把这些参数添加在 FLUENT 里的 In-Cylinder 模块、AVL 里的 FIRE 模块或 STAR-CD 里的 ES-ICE 模块中,由其内部程序自行计算,图 4.5 即为 In-Cylinder 模块中的控制参数界面,因此传统发动机的活塞运动规律曲线非常容易实现。

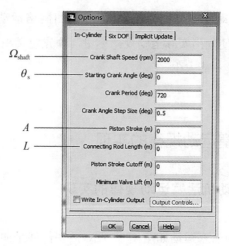

图 4.5　In-Cylinder 模块控制参数界面

4.5.2　自由活塞运动特点

自由活塞发动机中去掉了曲轴约束,活塞在缸内压力、电磁力、弹簧弹力和摩擦力等多种作用力驱动下运动,这些力高度耦合、瞬息万变,活塞位移不再是曲轴转角函数,因此自由活塞发动机中活塞的运动不能像传统发动机那样直接应用 FLUENT 中的 In-Cylinder 模块、AVL 中的 FIRE 模块或 STAR-CD 中的 ES-ICE 模块内部程序来控制,这三个模块都是针对传统曲轴发动机进行计算,且不提供第三方接口,不适用自由活塞发动机中活塞运动规律的实现,自由活塞运动规律须自行定义,这也是自由活塞发动机缸内工作过程三维瞬态模拟计算的难点所在。

4.5.3　自由活塞动力学模型

自由活塞发动机中的活塞组件往复运动,不再受机械结构约束,而由所受外力的合力决定,其受力如图 4.6 所示,自由活塞运动可由牛顿第二定律描述如下:

$$m_p \frac{\mathrm{d}^2 x}{\mathrm{d}t^2} = F_p - F_e - F_s - F_f \tag{4.15}$$

式中，m_p 为自由活塞、直线电机动子等运动组件质量总和(kg)；F_p 为缸内气体作用在活塞上的作用力(N)；F_e 为直线电机电磁推力(N)；F_s 为弹簧弹力(N)；F_f 为活塞组件往复运动过程中的摩擦力(N)。

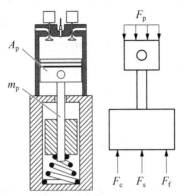

图 4.6　自由活塞组件受力分析图

缸内气体作用在活塞上的作用力可通过式(4.16)计算：

$$F_p = pA_p \tag{4.16}$$

式中，p 为缸内压力(Pa)；A_p 为活塞顶部面积向量(m^2)。

直线电机电磁推力可通过式(4.17)计算：

$$F_e = k_i i \tag{4.17}$$

式中，k_i 为直线电机推力常数；i 为电枢内瞬时电流(A)。

弹簧弹力可通过式(4.18)计算：

$$F_s = k_s(x - x_s) \tag{4.18}$$

式中，k_s 为弹簧刚度；x 为弹簧位移(m)；x_s 为弹簧自由状态时活塞位移(m)。

自由活塞发动机中，活塞无侧向力作用，活塞往复运动所受到的摩擦力大大减小，作用在自由活塞上的摩擦力可近似按式(4.19)计算：

$$F_f = k_f \frac{\mathrm{d}x}{\mathrm{d}t} + F_a \tag{4.19}$$

式中，k_f 为黏性摩擦系数；F_a 为与运动速度无关的滑动摩擦力(N)。

4.5.4   自由活塞运动规律的确定

由于自由活塞运动不是预定轨迹的边界运动,而是边界运动与缸内流场计算相互耦合的结果,因此自由活塞运动规律计算模块需要自行开发。

UDF 不仅可定义 Profile 文件能实现的网格运动规律,还可定义节点运动速度通过逐步求解方式得到的网格运动规律。依据自由活塞往复运动的动力学模型,采用 FLUENT 软件提供的 UDF 进行二次开发定义自由活塞运动规律。

FLUENT 软件中用于实现运动网格的 UDF 有三种,分别是:用来实现刚体运动的 DEFINE_CG_MOTION、用来控制变形边界投影的 DEFINE_GEOM 和控制单个节点的 DEFINE_GRID_MOTION。活塞运动属于刚体运动,所以选用 DEFINE_CG_MOTION 实现,在 DEFINE_CG_MOTION (UDF_name, Dynamic_Thread * dt, rel cg_vel[], rel cg_omega[], rel time, real dtime)接口函数中,把刚体质心运动速度和角速度分别赋值给 cg_vel 和 cg_omega 后,FLUENT 再根据它们的值和当前边界自动计算出边界下一步位置,从而实现对动边界的控制。

作用在活塞上的力如式(4.15)所示,活塞运动的加速度通过作用在活塞上的合外力求得,对加速度进行积分求出自由活塞运动的速度,再对速度进行积分确定自由活塞运动规律(自由活塞位移),其具体实现过程如图4.7 所示。

缸内气体压力可实时读取;弹簧弹力与弹簧受压程度相关,受活塞所处位置影响;作用在活塞上的摩擦力与活塞实时速度相关;活塞实时位移和速度反馈过来用于弹簧弹力和摩擦力的计算,因而自由活塞运动是缸内压力、电磁力、弹簧弹力和摩擦力高度耦合的结果,唯有电磁力可控,通过调整电流大小、方向和加载位置进而控制活塞运动。

在自由活塞运动规律计算模块程序调试过程中,曾遇到一个棘手的问题:依据最初编写的程序输出的活塞位移总是大于活塞实际位移,在活塞以固定速度运动时,输出位移是活塞实际位移的两倍,经过多次反复调试最终发现 DEFINE_CG_MOTION 通过定义速度控制活塞等刚体运动,不但

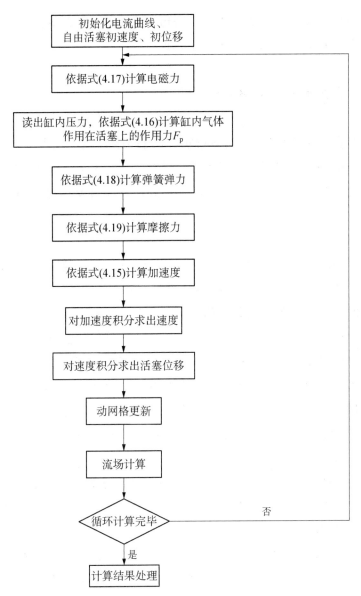

图 4.7 自由活塞运动规律实现流程图

计算刚体宏观运动时会调用此程序,而且在内部网格重构时也会调用此程序,这是由于燃烧室部分采用的是弹性光顺和局部重构相结合的体网格再生方法,内部网格重构和外部刚体宏观运动时各调用了此程序一次,造成一个计算时间步长内调用了两次程序,导致最初编写程序中输出的活塞位移与实际位移不符,通过在程序中加入语句去除内部网格重构调用程序而在宏观位移上的累加,最终使问题得以解决。

4.5.5　自由活塞动网格实现

在自由活塞发动机初始网格划分完毕,自由活塞运动规律确定后,动网格生成策略、拓扑结构建立及动态参数设置是一般瞬态模拟计算的重点也是难点,因此在自由活塞发动机瞬态模拟计算前需要选择、设置好如下参数。

1) 网格更新方式

气门和活塞的运动导致气门间隙和气门上表面及燃烧室和气缸都要进行网格更新,而气门和活塞的运动均为沿各自轴线的线性运动,气门上表面及气门间隙均划分为结构化网格,所以上述区域采用动态层法(dynamic layering)和弹簧光顺法(spring-based smoothing)更新;燃烧室部分和气缸非结构网格部分,采用 spring-based smoothing 与局部重构法进行更新;对于进气道、排气道不存在移动或者变形区域,FLUENT 中自动将其标记为静止区域并且不会应用任何网格更新方式,而对于气道与气门上表面区域相连接的面需要手动设置为静止区域(stationary zones)。

2) 运动规律

自由活塞运动规律依据 4.5.4 节中所述方法实现;配气机构运动规律采用 4.4 节中所述方法实现。

3) 气门启闭

进气门、排气门启闭状况决定着进气道、排气道流体计算区域与缸内流体计算区域连接与否,因而影响气道及缸内流动计算的连续性与一致性,FLUENT 计算过程中默认为所建立的网格拓扑结构在整个计算过程中是一直不变的,不允许完全关闭气门使得气门与气门座圈贴在一起没有流通区域,为此通过最小气门间隙的设置使其成为一流通区域,以满足 FLUENT 自身计算需求。由于气门升程较小时,间隙处流速较大,易导致计算发散,考虑实际情况,最小气门间隙设置为 0.2 mm,当气门升程超过 0.2 mm 时,则默认为气门开启,反之当气门升程小于 0.2 mm 时,即认为气门已关闭,FLUENT 自动停止气门运动的计算,FLUENT 气门动网格的计算是通过建立或者删除气门间隙处与缸内的滑移界面(sliding interface)(图 4.8)来定义气门的开启和关闭。

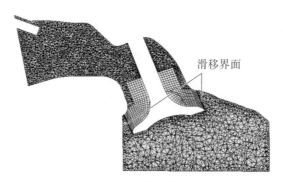

图 4.8　滑移界面

4) Dynamic Events

为提高计算效率节省计算时间,气门启闭前后计算不同的区域如图 4.9 所示。气门关闭时,由于进气道、排气道内流场对缸内流场没有影响,所以通常在气门关闭后通过 Deactivate Zones 冻结掉不参加计算的进气道、排气道区域,只计算缸内流场,而在进气门、排气门开启前计算时间步通过 Activate Zones 激活进气道、排气道计算区域,使其在进气门、排气门开启时刻参与缸内计算中,(图 4.9a)为排气道已经被 Deactivate,而进气道尚未 Deactivate 时的计算区域,(图 4.9b)则为进气道、排气道均被 Deactivate 后的计算区域。

(a) Deactivate 进气道前计算区域　　　(b) Deactivate 进气道后计算区域

图 4.9　计算区域

4.6　初始条件与边界条件的确定

发动机工作过程的特点是高度瞬变且周期性循环,理论上只要计算时间步数足够多,其初始值的设置对计算结果没有影响,而实际计算中为使求解能够尽快达到收敛,提高计算精度,初始值的设置应该尽量合理,一般情况下设置为初始条件下缸内压力和温度均匀分布,具体数值由实验值或者经验值确定,对于本计算来说,计算是发动机的一个工作循环,而不是整个发动机循环过程中的一部分,初始条件的设置对整个计算影响较小,进气道空气入口设置为压力入口边界条件,进气压力为 0.1 MPa;天然气入口设置为速度入口边界,流速为 2.441 65 g/s;出口边界设置为压力出口,为0.1 MPa;湍流参数可依据传统发动机相关计算给定初始湍流强度 I 和水力直径 D_H,其中水力直径可依据式(4.20)计算:

$$D_H = \frac{4S}{l} \tag{4.20}$$

式中,S 为截面面积(m^2);l 为截面周长(m)。

为简化计算,温度边界采用恒温边界,没考虑活塞运动和缸内燃烧对壁温度的影响,具体定义见表 4.1。

表 4.1　温度边界条件

边界名称	边界类别	温度/K
进气道入口	进口	298
进气门	壁面	500
活塞顶	移动	550
气缸盖	壁面	500
气缸	壁面	450

选择合适的数值方法对代表物理模型的偏微分方程进行离散后,再对微分方程进行求解是数值模拟计算中重要的一环。目前流行的离散求解方法包括有限差分法、有限元法和有限体积法,其中有限体积法从描述流动与

传热问题的守恒方程出发,在求解域离散后,再在控制区域积分,最终导出的离散方程对每个控制容积都遵从守恒原理,因而在计算流体力学领域应用最广。本书动态数值模拟计算中选用的数值模拟计算方法基于有限体积法的分离式求解器,压力速度耦合采用的是 PISO 算法,压力计算采用 PRESTO 离散格式,能量、密度、动量、湍动能和湍动能耗散率则采用一阶迎风格式离散,在欠松弛因子设定时,涉及动量方程组的设为 0.6,与压力方程组有关的设为 0.5,湍动能和湍动能耗散率则设置为 0.4,而对于其他方程组相关的物理量选择中等偏大的欠松弛因子,以确保方程源项的变化对下一时间步物理量计算的有效更新。

计算过程中为了节约时间,而又不影响计算精度,采取变步长的计算方法。在气门开启、气门关闭、天然气喷射和火花点燃混合气体时,采用较小时间步长;压缩冲程,为防止网格压扁而出现负体积,在压缩冲程后期,也采用较小时间步长,其他过程采用相对较大时间步长。

4.7　模型验证

实测发动机运行时某些缸内总体参数,如缸内平均压力、进气质量等可验证数值模拟计算结果的可靠性,而采用缸内压力的模拟计算值与试验测量值分析对比来验证数值模拟结果的正确性已被普遍接受。本章采用图 3.5 所示试验装置,以 CNG 为燃料,理论空燃比(17.17)、压缩比 $\varepsilon = 7.7$、膨胀比 $\lambda = 10.3$ 时,通过数值模拟计算得到的缸内压力与试验中测取的缸内压力(图 4.10),通过对比可以看到在进气、压缩和排气阶段模拟计算的压力曲线与试验结果吻合较好,燃烧阶段的压力曲线稍有偏差,仿真计算的压力值稍大于试验得到的压力值,这主要是因为仿真计算中燃烧采用的是预混燃烧模型,认为缸内气体混合得非常均匀,实际缸内的混合气并非非常均匀,对燃烧有一定的影响,但总体来说,仿真计算的缸内压力与试验测得的缸内压力两者吻合较好,表明文中所建模型对四冲程自由活塞发动机运转情况有较好的一致性,并可用所建模型对四冲程自由活塞发动机进行变参数研究。

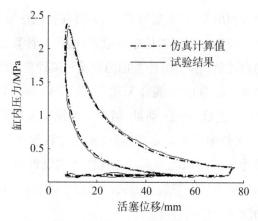

图 4.10 模拟与试验结果对比

4.8 计算结果分析

发动机三维数值模拟研究涉及进气、压缩、做功和排气四个冲程,以往研究中,发动机工作过程数值模拟往往是对其中一个冲程或者两个冲程合起来进行计算,但由于发动机工作过程三维数值模拟中初始条件与边界条件复杂多变,若仅对其中一个冲程或者两个冲程进行计算,往往不能反映发动机缸内实际情况,甚至有可能与发动机缸内实际工作过程相距甚远,因此,有必要对发动机整个循环做完整的三维数值模拟分析。

为描述四冲程自由活塞天然气发动机在进气、压缩、燃烧、排气过程中缸内气流运动和火焰发展情况,通过沿气道中心线、气缸轴线及火花塞轴线在气缸的轴向和径向做了多组切片,并对这些切片进行相应分析。

无量纲参数涡流比和滚流比是比较常用的进气系统流通特性评价指标,但因测量方法和测试装置不同时,测量结果不具有可比性,而能量可在宏观流与微观流间传递,因而缸内工质运动强度可通过单位质量动能 E 和单位质量湍动能 K,从宏观和微观分别进行评定:

$$E = \frac{\sum_{i=1}^{n} \frac{1}{2} v_i^2 \rho_i V_i}{\sum_{i=1}^{n} \rho_i V_i} \tag{4.21}$$

$$K = \frac{\sum\limits_{i=1}^{n} k_i \rho_i V_i}{\sum\limits_{i=1}^{n} \rho_i V_i} \qquad (4.22)$$

式中，v_i 为第 i 个网格单元的速度（m/s）；ρ_i 为第 i 个网格单元的密度（kg/m³）；V_i 为第 i 个网格单元的体积（m³）；k_i 为第 i 个网格单元处的湍动能（m²/s²）。

4.8.1 缸内进气过程流场分析

充分发挥自由活塞运动可调优势，在相同工况、气门升程、气门正时及进气和压缩总时间不变的前提下，通过调整与自由活塞相连的直线电机所通电流大小、方向及加载位置，使得进气冲程时间分别占进气冲程与压缩冲程时间总和的 55%、50% 和 45%，相应地压缩冲程时间则分别占进气冲程与压缩冲程时间总和的 45%、50% 和 55% 时，活塞进气冲程长度均为 48 mm，然后压回至压缩上止点。

1）活塞运动对自由活塞发动机进气冲程缸内流场的影响

进气冲程初始，活塞需要在电磁力作用下运动，进气冲程时间分别占进气冲程与压缩冲程时间总和 55%、50% 和 45% 时的速度曲线如图 4.11 所

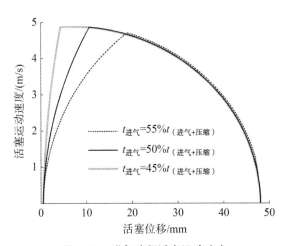

图 4.11 进气冲程活塞运动速度

示,活塞初始运动速度越快,越早达到活塞运动速度最大值,进气冲程耗时越短,虽然活塞运动速度最大值不同,达到最大值位置不同,但是在进气冲程后期,活塞是在缸内压力、弹簧弹力和摩擦力作用下运动,这些力主要与活塞位置相关,因而后期活塞运动速度基本重合。

图 4.12a、b 分别为进气冲程缸内工质单位质量动能和单位质量湍动能随活塞运动的变化曲线。进气冲程初期,活塞运动较慢,缸内工质单位质量动能和单位质量湍动能均较小,随活塞下移,活塞运动速度加快,进气流速迅速增加。活塞运动速度越快,进气流速亦越快,缸内工质单位质量动能增加迅速,同时由于进气流速越大,气流引起扰动亦越强,因此湍动能亦越大;在进气冲程后期,活塞运动速度减慢,高频速度波动衰减较快,缸内气流运动速度快速下降,缸内工质单位质量动能和单位质量湍动能下降过程中出现波动,这主要是由于天然气的高速喷入引起缸内气流扰动,因此湍动能受其影响更大。

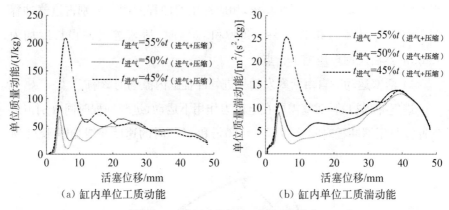

（a）缸内单位工质动能　　　　（b）缸内单位工质湍动能

图 4.12　进气冲程缸内工质运动强度

2）进气冲程缸内流场演变过程分析

小缸径双气门篷顶式燃烧室缸内气流运动为包含涡流和滚流的斜轴涡流运动,并伴有一定强度挤流模式,进气冲程缸内流场演变如图 4.13 所示。由图 4.13 可看出,以不同活塞初始速度进气,缸内流场结构变化不大。由于进气门轴线与缸体中心之间有一夹角,进入缸内气流不均匀,计算开始时,气流从进气门两侧进入气缸后,一部分与缸盖、缸壁碰撞,速度方向改变,形成较强剪切气流而在局部生成小的漩涡,但因尺度过小不足以影响缸

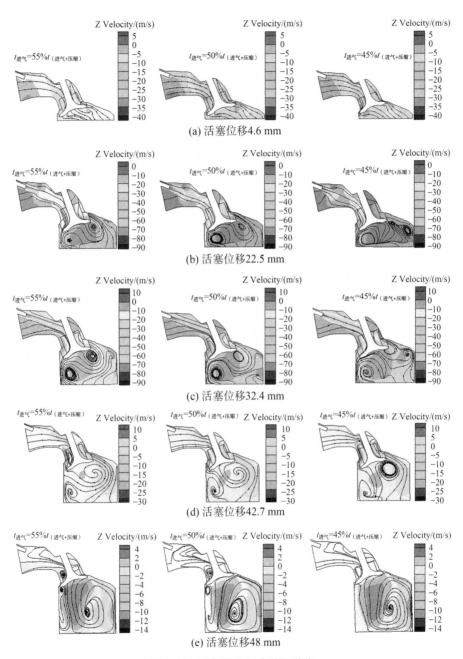

(a) 活塞位移4.6 mm

(b) 活塞位移22.5 mm

(c) 活塞位移32.4 mm

(d) 活塞位移42.7 mm

(e) 活塞位移48 mm

图 4.13　进气冲程缸内流场演变

内整体流场;另一部分流向气缸中心,随进气门开度增加和活塞下移,进气加强,进入气缸内的气流流速也随之增加,至活塞移动至 32.4 mm 时,进气门和排气门下方,各形成一个旋转方向相反的漩涡,这主要是由进入缸内的这两股方向相反的气流碰撞壁面形成的;进气冲程后期,随活塞下移,活塞运动速度越来越小,进气流动减弱,缸内空间越来越大,已经形成的双涡发生变化,左侧漩涡开始衰减,右侧漩涡中心下移,并向气缸中心移动,进而逐渐演变成大尺度滚流,至下止点滚流尺寸达到最大,从进气门靠近排气门一侧进入气缸的气流是形成滚流的主要部分,而从进气门靠近缸壁一侧进入的气流形成的顺时针小涡持续时间较短。

4.8.2　缸内压缩过程流场分析

1)活塞运动对自由活塞发动机压缩冲程缸内流场的影响

进气冲程结束,弹簧处于压缩状态储存能量,在进气冲程和压缩冲程耗费总时间相同时,压缩冲程耗费时间占进气冲程和压缩冲程时间总和的45%、50%和55%分别与进气冲程耗费时间占进气冲程和压缩冲程时间总和的55%、50%和45%对应,压缩冲程活塞运动速度如图4.14所示,压缩冲程的缸内工质运动强度如图4.15所示,由图4.15可看出压缩冲程耗费时间越短,缸内工质单位质量动能和单位质量湍动能越大,亦即快速压缩可提高压缩终了缸内工质运动强度。

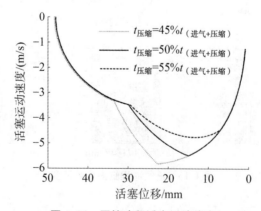

图 4.14　压缩冲程活塞运动速度

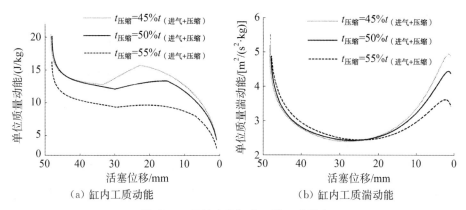

(a) 缸内工质动能 (b) 缸内工质湍动能

图 4.15 压缩冲程缸内工质运动强度

在压缩冲程耗费相同时间(压缩冲程占进气冲程和压缩冲程时间总和 45%),可以通过不同加载电磁力方式控制活塞运动(如压缩中程加速和压缩后程加速等),如图 4.16 所示。图 4.17 所示为压缩时间相同以图 4.16

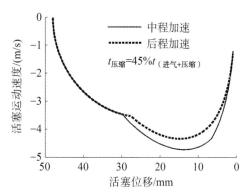

图 4.16 压缩过程

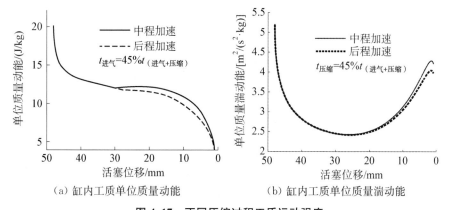

(a) 缸内工质单位质量动能 (b) 缸内工质单位质量湍动能

图 4.17 不同压缩过程工质运动强度

中不同活塞速度运动时,缸内工质单位质量动能和单位质量湍动能变化曲线,采用压缩冲程中程加速,在增大活塞最大运动速度的同时,压缩过程中缸内工质单位质量动能较大;由于湍动能变化滞后于缸内工质动能变化,因而使得压缩冲程终点缸内工质单位质量湍动能较大,因此这种活塞运动方式较好,压缩过程采用这种活塞运动方式。

2) 压缩冲程缸内流场演变过程分析

压缩冲程缸内流场演变过程如图 4.18 所示,压缩过程初期和中期,进气冲程末期形成的滚流仍得以维持;随着压缩冲程继续,活塞上移至压缩过程后期,随滚流受到上行活塞挤压,滚流运动路线受到缸盖形状影响而被破坏,进而不断衰减和畸变,最终破碎成湍流。湍流变化滞后于活塞速度变

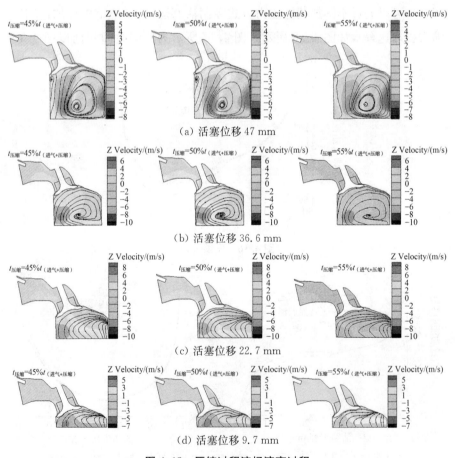

图 4.18　压缩过程流场演变过程

化,压缩过程耗时越长,活塞上移至相同位置时缸内湍动能耗散越快,至上止点时涡团破碎后湍流尺度越小;快速压缩时,压缩至上止点燃烧前可保持相对较大尺度湍流和较强湍流强度,有利于燃烧。

4.8.3　燃烧过程分析

天然气自燃温度为 650～680 ℃,远高于汽油和柴油自燃温度,所以天然气发动机一般采用火花点火方式。在其他因素相同的情况下,燃烧过程中所加电磁力的大小决定了活塞运动的速度、加速度和活塞膨胀的终点。图 4.19 所示为膨胀冲程四种不同活塞运动的速度和加速度曲线,由图中可以看出,活塞膨胀初期加速度越大,活塞运动越快,所能达到的峰值速度越大,膨胀冲程越长,膨胀比亦越大。

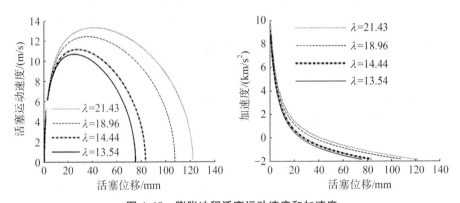

图 4.19　膨胀冲程活塞运动速度和加速度

为了探究燃烧室内火焰传播情况,过火花塞中心做剖面如图 4.20 所示。通过分析该剖面在不同时刻的温度可以推断燃烧室自由活塞发动机燃烧过程中火焰发展和传播过程,自上止点前火花塞跳火,缸内火花塞周围的天然气与空气混合物被迅速点燃,火焰以球状向外传播,但因天然气的火焰传播速度慢,火核增长缓慢。受火花塞位置(未在燃烧室正中间)和缸内气流影响,在快速燃烧期,火焰由火花塞一侧向外传播,上止点附近,火花塞对侧由于挤流和滚流破碎成的湍流共同作用,火焰前锋面变厚,燃烧速度加快,增加火花塞对侧挤气面积可增加湍动能,进而加快天然气燃烧速度。

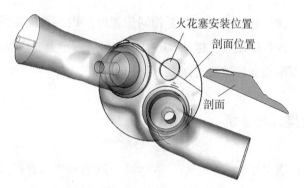

图 4.20　过火花塞中心做剖面图

　　活塞运动对燃烧过程影响较大,尤其是燃烧初期活塞运动情况。膨胀冲程初期活塞对燃烧过程的影响主要体现在两方面:一是膨胀冲程初期活塞低速运动,燃烧过程接近等容燃烧,燃烧等容度好,缸内峰值压力较大,滞燃期和燃烧持续期较短,热效率相应较高;二是膨胀冲程初期活塞低速运动,由于此时燃烧温度较高,对外放热较多,同时缸内湍动能低,燃烧速度减慢,两者对燃烧的影响是相矛盾的,但燃烧初期活塞低速运动,使燃烧接近等容燃烧对膨胀过程影响更大。因此,在自由活塞天然气发动机缸内燃烧过程中,燃烧初期,活塞低速运动使燃烧尽可能接近等容燃烧,可加快燃烧进程,对燃烧更有利;而在燃烧中后期,活塞快速运动则可减少对外传热。

　　以单缸四冲程自由活塞发动机为研究对象,建立了自由活塞和电磁驱动配气机构运动规律,并对其缸内流场进行了分析比较,可以得到如下结论:

　　(1) 依据四冲程自由活塞发动机工作原理和自由活塞运动特点,建立了自由活塞动力学模型,通过 FLUENT 平台提供的二次开发接口 UDF 开发了自由活塞运动规律计算模块。

　　(2) 建立了自由活塞发动机三维瞬态计算数学模型、三维几何模型并划分了计算网格,结合所定义自由活塞运动规律进行了三维瞬态计算,并结合第 3 章试验,验证了所建模型的正确性。

　　(3) 探讨了自由活塞运动对缸内流场的影响,在进气冲程和压缩冲程时间之和一定的情况下,采用慢进气、快压缩的活塞运动规律,不仅使混合气更加均匀,而且增大了压缩终了缸内流场运动强度,有利于火焰传播;膨胀冲程初期活塞低速运动、后期快速运动的活塞运动规律,燃烧初期低速运动以尽可能实现等容燃烧,燃烧中后期活塞快速运动,以减少对外传热。

第5章

四冲程自由活塞发动机性能影响因素分析

　　相比传统发动机,自由活塞天然气发动机气门运动、活塞运动均可调,此外活塞顶部形状、喷气正时和过量空气系数等影响传统发动机性能的因素,也会影响四冲程自由活塞天然气发动机性能。

　　本章在第4章通过试验对仿真模型进行验证的基础上,采用数值模拟计算方法分别对气门运动、活塞运动、活塞顶部形状、点火正时、过量空气系数、压缩比及膨胀比等因素对四冲程自由活塞天然气发动机的性能影响进行分析,为后续自由活塞发动机改进提供参考依据。

5.1　气门运动的影响

　　基于 Atkinson 循环的自由活塞发动机取消了曲柄连杆机构,传统的凸轮驱动配气系统无法在此应用,采用电磁驱动配气系统后,气门开启、关闭时刻及升程由电磁线圈通电、断电时刻决定,调节的自由度大。通过调整电磁驱动气门配气正时、气门升程和进气冲程长度控制发动机负荷,可大幅减少部分负荷工况的泵气损失,有效提高发动机燃油经济性。

5.1.1　可变气门正时的影响

　　1) 进气门开启正时对缸内工质运动强度的影响

气门开启和关闭时刻可变即为可变气门正时，自由活塞发动机的配气机构在采用了电磁驱动配气机构后，控制更加准确、便捷。

进气门开启时刻确保进气行程开始时，气门有足够大的流通面积，使气体顺利进入气缸，气门开启过早，缸内废气可能会因缸内压力过高而流向进气门侧，进而随新鲜空气重新进入气缸，增加了缸内残余废气系数；进气门关闭时刻的确定依据则是希望能最大程度地利用进气流惯性进气并防止气体倒流。

在自由活塞发动机中自由活塞运转频率 25 Hz、进气冲程长度相同、活塞运动规律相同和气门最大升程均为 8 mm 时，进气门正时分别遵从（图 5.1）的气门正时运动规律，由于气门开启过程所需时间相同，而在不同时刻开启气门时活塞运动速度不同，因此不同进气门正时开启气门过程中活塞位移不同；气门关闭时刻相同，以确保活塞运动至下止点进气门关闭。

采用图 5.1 所示进气门正时曲线的循环进气量如图 5.2 所示，气门正时在进气冲程初期对进气量影响较大，进气门在上止点后 4 mm 开启，晚于进气门在上止点后 2.172 mm 和 2.5 mm 开启，进气初期气道与缸内压差较大，进气流速快，因而进气量增加最为迅速；随着气门的完全开启这种影响渐小，尤其是在自由活塞运转频率相对较低时，气门开启持续期相对较长，进气门关闭时刻相同，电磁气门的快速响应减小了回流，故气门正时对循环进气量影响相对较小，并且由于自由活塞发动机无节气门，因而泵气损失很

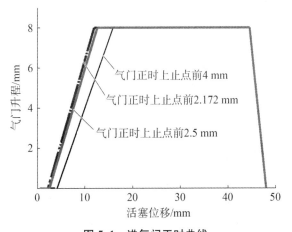

图 5.1　进气门正时曲线

小,而在传统的四冲程自由活塞发动机中,泵气损失却占到全部机械损失的15%~30%。自由活塞发动机中循环进气量主要受进气冲程长度影响,与进气冲程长度近似呈线性增加的关系。因此为了避免出现气门与活塞在上止点处出现干涉的情况,进气门开启时刻可相对推迟。

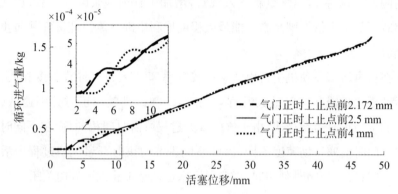

图 5.2　气门正时对循环进气量影响

气门开启正时对缸内工质单位质量动能和单位质量湍动能影响趋势相同,如图 5.3 所示,在进气冲程初期,活塞运动速度低,适当推迟进气,在活塞具有较高向下运动速度时开启气门,则不仅可提高进气速度,还可增加进气冲程工质运动强度,但只有足够的进气门开启持续时间才能确保循环进气量,因而进气门开启时刻也不能太迟,如图 5.3 所示进气门在上止点后2.5 mm 开启较好,此时缸内单位质量动能和单位质量湍动能均较大。

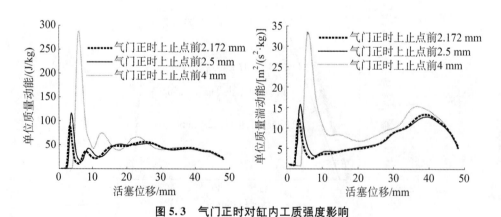

图 5.3　气门正时对缸内工质强度影响

2) 气门正时对缸内工质速度场的影响

自由活塞运转频率 25 Hz(发动机当量转速 1 500 r/min),进气冲程长度和活塞运动规律相同,气门分别遵从图 5.1 所示气门升程运动规律时,进气流场剖面如图 5.4 所示。气门正时对缸内速度场演变过程如图 5.5 所示,随着进气门相对延后开启,活塞具有相对较快的向下运动速度,提高了进气速度,增加了缸内涡流。从图 5.5a、b 中可明显看到,进气冲程初期,进气门在上止点后 2.5 mm 和 4 mm 开启比在上止点后 2.172 mm 开启滚流更大一些;进气冲程末期,随着气门关闭,气缸右侧气流沿壁面向下运动,滚流充斥整个缸内,不同气门正时缸内流场结构相似。

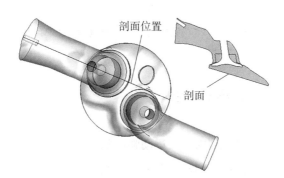

图 5.4　进气流场剖面图

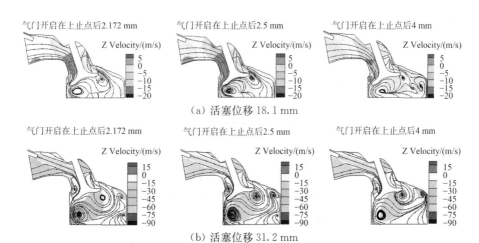

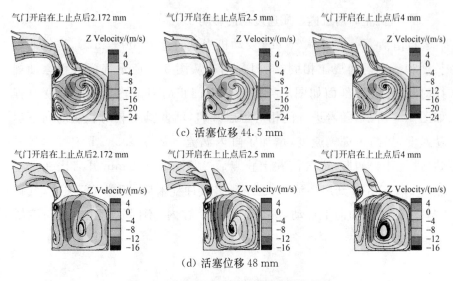

（c）活塞位移 44.5 mm

（d）活塞位移 48 mm

图 5.5 气门正时对缸内工质速度场影响

5.1.2 可变气门升程的影响

1）可变气门升程对缸内工质运动强度的影响

自由活塞运转频率 25 Hz（发动机当量转速 1 500 r/min），进气冲程长度相同、活塞运动规律相同，气门升程曲线如图 5.6 所示。气门最大升程分别为 2 mm、2.5 mm、3 mm、4 mm、6 mm 和 8 mm，在电磁力驱动下气门开启，不同升程的气门先后达到各自所设置的最大升程，升程越小的气门越

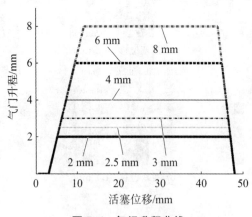

图 5.6 气门升程曲线

先达到最大升程而完全开启；气门关闭过程中，为确保在活塞到达下止点时气门关闭，不同升程气门依次关闭，升程越大的气门越先开始关闭。

遵从图 5.6 所示气门升程规律的循环进气量如图 5.7 所示，由图 5.7 中可以看出，气门升程对循环进气量影响很小，这主要是因为自由活塞发动机采用电磁驱动气门，电磁驱动气门响应快，开启过程和关闭过程均可在 4 ms 内完成，气门升程增加，但持续期相对减少，进气回流较少，因而气门升程对进气量影响不大，不像传统发动机的凸轮配气机构在低转速时气门重叠角会影响循环进气量；在低转速时，气门开启在最大升程的持续期相对较长，气门对气流节流作用影响不大，因而增大气门升程对循环进气量影响不大；对于自由活塞发动机循环进气量主要受到进气冲程长度的影响，循环进气量与活塞进气冲程长度近似呈线性变化。

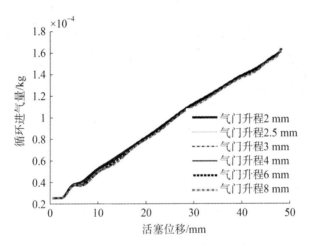

图 5.7　气门升程对循环进气量影响

气门升程对缸内工质运动强度的影响如图 5.8 所示，不同升程的气门先后达到最大升程。升程越小的气门越先达到其最大升程，气门关闭越晚，气门保持最大升程的持续期越久，在气缸内外压差作用下新鲜气体迅速进入气缸，由于电磁气门响应快，在气门开启过程中，缸内工质单位质量动能和单位质量湍动能随气体进入气缸而迅速增加，低气门升程可提高进气初期缸内工质单位质量动能及单位质量湍动能，不同气门升程下缸内工质单位质量动能和单位质量湍动能迅速达到第一峰值，气门升程为 2 mm 和

2.5 mm 时,工质运动强度峰值近乎是高气门升程下工质运动强度峰值的两倍,在天然气进入后,缸内工质强度仍然是低气门升程下缸内工质运动强度高,随着气门完全开启,气体进入气缸趋于平稳,缸内工质单位质量动能和单位质量湍动能都下降。而后随天然气喷入而上升,由于天然气喷入速度和压力都比空气高,因而缸内工质单位质量动能和单位质量湍动能在进气冲程有两个峰值。随着天然气喷入结束和气门关闭,缸内工质单位质量动能和单位质量湍动能均下降。气门升程越小,气门对气流的阻碍作用越明显,工质运动越剧烈,由于耗散作用,进气冲程后期低气门升程工质运动强度未能显著高于高气门升程,因此,不能单纯依靠低气门升程来增加缸内工质运动强度。

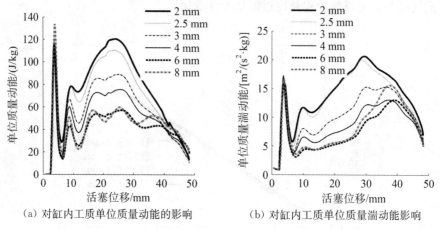

(a) 对缸内工质单位质量动能的影响　　(b) 对缸内工质单位质量湍动能影响

图 5.8　气门升程对缸内工质运动强度影响

2) 可变气门升程对缸内速度场的影响

图 5.9 所示为气门升程对缸内速度场的影响,也揭示了缸内滚流的形成和演变过程,在进气过程中,较低气门升程下产生较强湍流,进气门开启初期,气门座处气流流速较快,气门升程越低,气门座处气流速度越大,高速气流影响缸内流场。随活塞下移,不同升程气门完全开启后,缸内都先后出现两个明显的涡,但涡中心出现的位置不尽相同,气门升程越小,涡越靠近缸壁,这主要是由于气门升程越小,气体进入气缸时缸壁导向作用越强;随活塞下移,气门升程不变,气门对气流作用减小,气流向下运动速度增加,除了两个较小的气门升程 2 mm 和 2.5 mm 外,其余几个气门升程下,在缸的

右下角出现了一个较小的涡,向下运动最大速度达到 90 m/s,此时活塞已运动至上止点后 31.2 mm;随活塞下移,较大气门升程下右下侧的小涡消失,较早出现的两个涡直径不断增大,涡的中心不断下移,但不同气门升程下的

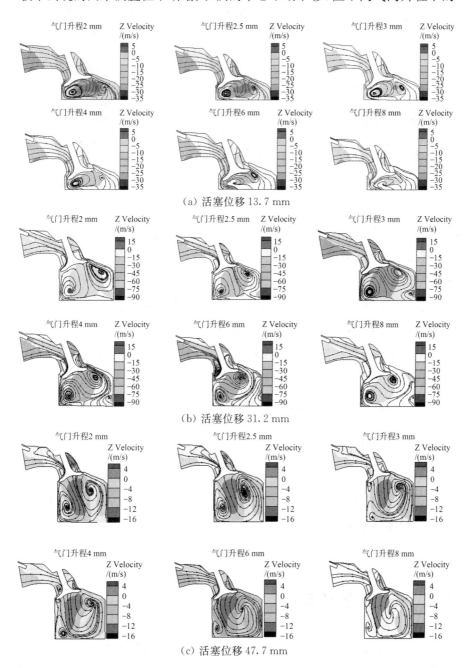

（a）活塞位移 13.7 mm

（b）活塞位移 31.2 mm

（c）活塞位移 47.7 mm

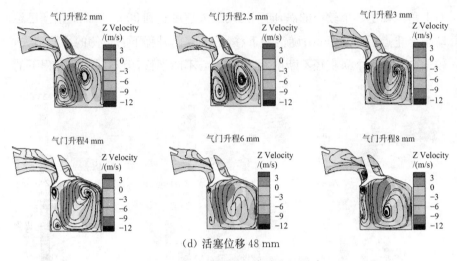

（d）活塞位移 48 mm

图 5.9　气门升程对缸内速度场影响

两个涡发展程度不同,升程为 2 mm 和 2.5 mm 缸内左侧的涡发展相对较大,其余几种较大升程下左侧的涡逐渐消失,而右侧的涡则演变为几乎贯穿整个气缸的滚流,但气门升程会影响滚流中心位置,气门升程越大,滚流中心越接近气缸中心,而缸内流场速度不断下降,直至下止点。

3）可变气门升程对缸内湍流场的影响

气门升程对缸内湍流场有一定影响,在活塞运动至上止点后 13.7 mm 处,升程为 2 mm、2.5 mm 和 3 mm 的气缸内工质湍动能相对较大,尤其是在靠近气门处,这主要是较小气门升程在进气初期对气流的节流作用所致;天然气喷射过程中,较小气门升程对天然气气流仍有节流作用,较多高压气体从气门右侧进入气缸,压力较小的空气受其影响较小;气门关闭过程中,由于电磁驱动气门响应迅速、运动速度快,气门升程对其影响较小;气门关闭,活塞运动至下止点,气门升程分别为 4 mm、6 mm 和 8 mm,缸内进气终了时的湍流场分布很相似。

5.2　压缩比的影响

压缩比定义为活塞在进气下止点时气缸总容积与活塞在压缩上止点时

燃烧室的容积之比,表示活塞由进气下止点移动至压缩上止点时缸内气体受压缩程度。自由活塞发动机可通过增加气缸总容积或者减小燃烧室容积两种方法改变压缩比。在燃烧室容积不变的情况下,增加进气冲程长度可增大气缸总容积,进而增大压缩比;在进气冲程长度不变时,可通过改变活塞顶部形状减少燃烧室容积,进而增大压缩比。

5.2.1　进气冲程长度改变导致压缩比变化的影响

基于电磁驱动气门的自由活塞发动机,完全去掉了节气门,减少了泵气损失,发动机负荷不再像传统点燃式发动机靠节气门开度调节,或者靠改变电磁驱动气门的气门正时或气门升程进行调节,在不改变发动机几何结构前提下,充分依靠改变活塞进气冲程长度调节进入气缸新鲜空气质量,进而满足发动机不同负荷、不同燃料物性对进入缸内气体质量的要求,为发动机不同工况提供最佳循环进气量,这是四冲程自由活塞发动机的特色之一。

5.2.1.1　增大进气冲程长度对自由活塞发动机进气过程的影响

1) 增大进气冲程长度对循环进气量的影响

由于篷顶式缸盖不规则,为了防止活塞在压缩冲程撞上气门和缸盖,上止点位置不能太高,在上止点位置确定的情况下,充分利用自由活塞发动机特点,通过控制活塞运动规律,改变发动机进气下止点位置,使发动机实现不同长度的进气冲程,以调节发动机负荷,同时也改变了其压缩比,图 5.10

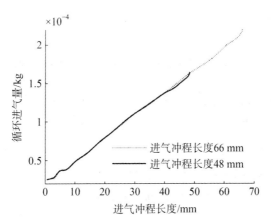

图 5.10　进气冲程长度对循环进气量影响

所示为进气冲程长度分别为 48 mm 和 66 mm 时缸内循环进气量,自由活塞发动机没有了节气门,减少了泵气损失,循环进气量主要受进气冲程长度影响,且近似呈线性关系,因而可以通过控制活塞进气冲程长度来适应不同发动机负荷对进气量的需求。

2)进气冲程长度对缸内工质运动强度的影响

进气冲程长度不仅影响循环进气量,还会影响缸内工质运动强度,图 5.11 所示为进气冲程长度对进气过程缸内工质单位质量动能和单位质量湍动能的影响,由图中可以看出,进气冲程增大后,缸内单位质量动能和单位质量湍动能均随之增加,这主要是因为进气冲程增大后,气门开启持续期相应增长,气体依靠惯性进入,进气量增多,宏观角度的工质单位质量动能和微观角度的单位质量湍动能峰值也随之增大,虽然在进气冲程后期,由于湍流耗散作用,单位质量动能和单位质量湍动能有所下降,但在进气冲程末端,进气冲程长度为 66 mm 的缸内工质运动强度大于进气冲程长度为 48 mm 的缸内工质运动强度。

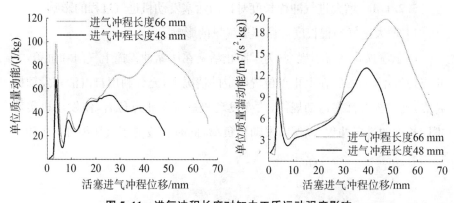

图 5.11　进气冲程长度对缸内工质运动强度影响

图 5.12 所示为不同进气冲程长度时的自由活塞运动速度,在进气冲程初期,两者运动速度相同,进气冲程长度为 48 mm 的自由活塞率先达到其最大速度,然后开始逐渐减速;进气冲程长度为 66 mm 的活塞依然加速运动,两者达到的最大速度不同,进气冲程长度为 48 mm 的自由活塞的最大速度为 4.7 m/s,进气冲程长度为 48 mm 的自由活塞的最大速度为 5.9 m/s。

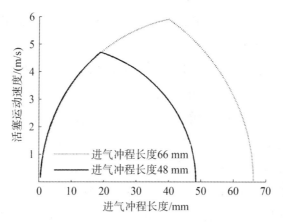

图 5.12　不同进气冲程长度时的活塞运动速度

　　进气冲程长度增加后,两种自由活塞在进气冲程初期活塞运动情况完全相同,缸内速度场和湍流场基本相同,在进气冲程后期,随着活塞不断下移、缸内进气量的增多和活塞运动速度不断减小,进气流动减弱,右侧漩涡中心下移,并向气缸中心移动,进而逐渐演变成大尺度滚流,至下止点滚流尺寸达到最大,从进气门靠近排气门一侧进入气缸的气流是形成滚流的主要部分,而从进气门靠近缸壁一侧进入的气流形成顺时针小涡持续时间较短,由于进气冲程长度不同和自由活塞峰值速度不同,虽然缸内速度场和湍流场的结构相似,但数值差别较大,在进气冲程结束时,缸内滚流充满整个气缸,所以,在进气冲程长度增加后,进气冲程长度为 66 mm 的进气冲程终了缸内滚流尺度大于进气冲程长度为 48 mm 的缸内滚流尺度,且滚流中心偏左下。进气冲程结束时的速度场如图 5.13 所示。

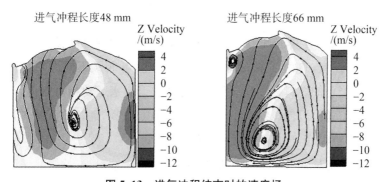

图 5.13　进气冲程结束时的速度场

5.2.1.2 压缩比对自由活塞发动机压缩终了状态的影响

1) 压缩比对缸内工质运动强度的影响

进气冲程长度增加后,不仅进气量随之增加,压缩冲程长度也相应增加,因而压缩比也随之增加,压缩比越大,表明气体受压程度越重,压缩冲程继承了进气冲程的缸内工质运动强度,压缩冲程初期,进气冲程长度为66 mm 的缸内工质运动强度明显高于进气冲程长度为48 mm 的缸内工质运动强度,随着活塞上移,由于缸内气体间的相互摩擦和气体自搅拌作用,湍流不断耗散,湍动能随之不断减小,而在压缩冲程后期,随着大尺度滚流破碎成小的湍流,使得缸内混合气湍流强度和湍动能均有所增加,而进气冲程长度为66 mm 的缸内进气冲程形成的滚流尺度大于进气冲程为48 mm 的滚流尺度(图 5.13),因而在压缩后期破碎成湍流后,其湍动能相对较大。压缩比对压缩冲程工质运动强度影响如图 5.14 所示。进气冲程长度48 mm 时,其压缩比为 7.44;进气冲程长度 66 mm 时,其压缩比达到 10.077。

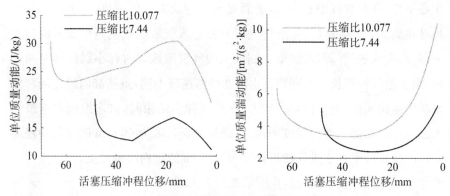

图 5.14 压缩比对压缩冲程工质运动强度影响

对于传统发动机,压缩比越大,爆震倾向越大,发动机的压缩比须与燃料抗爆性相适应;自由活塞发动机压缩比可变,可兼顾不同燃料抗爆性需求,调整适当可使燃料物性充分发挥;同时由于活塞运动相对自由,为了提高换气质量,还可以使压缩上止点与排气上止点分离,通过增大排气压缩比使废气排得更彻底,进入更多新鲜空气。

2) 压缩比对压缩终了压力和温度的影响

由于天然气主要成分甲烷 CH_4 属于短链烃,其辛烷值高达 130,高于一般点燃式发动机常用燃料如汽油的辛烷值,因此适当提高压缩比可更充分发挥天然气高辛烷值的物性优势。提高压缩比,可提高压缩终了的缸内气体压力和温度,图 5.15 所示为不同压缩比时压缩终了缸内气体的压力和温度。对于天然气这种火焰周期发展比较慢的燃料,点火前相对较高的混合气压力和温度,有利于火核的形成和发展。

5.2.1.3　压缩比对自由活塞发动机燃烧的影响

增大进气冲程长度的同时增大了压缩比,压缩冲程继承了进气冲程末端的缸内流场,因而压缩冲程末端点火前的缸内流场受压缩比影响较大,图 5.16 所示为点火前缸内湍流场,压缩比为 10.077 的缸内湍流场明显大于压缩比为 7.44 的缸内湍流场,这是因为增大进气冲程长度,增多了缸内充量,因而湍流增大;进而增大火焰面,有利于向未燃气体传热与扩散,加快火焰传播,缩短燃烧持续期,因而会影响自由活塞发动机的燃烧过程。

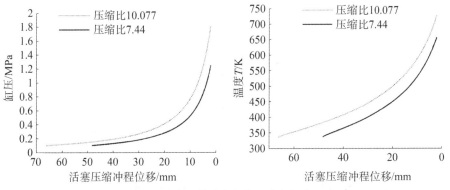

图 5.15　压缩冲程缸内压力与温度

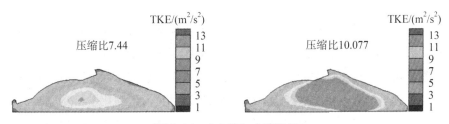

图 5.16　点火前缸内湍流场

发动机换气过程完善程度影响发动机的动力性、经济性、可靠性与排放性,对换气过程要求是尽可能排出废气、尽可能多进新鲜气体。增大进气冲程的同时,相应也会增大压缩比,相对减小余隙容积、减少残余在气缸中的废气、提高充气效率,循环中进入气缸中的新鲜气体增多,有利于燃烧。

　　提高压缩比、增大缸内湍流强度的同时,还可提高混合气在气缸内的燃烧速度。湍流燃烧速度不仅取决于层流燃烧速度,而且还受温度、压力和湍流强度影响。由皱折火焰面理论可知,增大湍流强度可增大火焰前锋面积,加快燃烧速度。提高压缩比,使燃料在燃烧期间温度、压力增大,燃烧反应速度加快,放热量增多,缸内峰值压力迅速上升,有利于对外膨胀做功。压缩比对缸内压力的影响如图 5.17 所示。

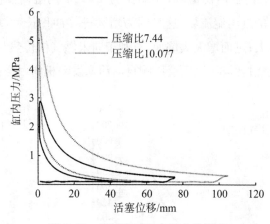

图 5.17　压缩比对缸内压力的影响

5.2.2　活塞顶部形状改变导致压缩比变化的影响

　　虽然改变进气冲程长度,可以改变进入燃烧室的进气量,从而满足不同负荷要求,但在进气冲程长度改变的同时,循环所耗时间也在改变,也会影响发动机对外输出功率,在不改变进气冲程长度和缸盖形状的同时,通过改变活塞顶部形状,可以改变压缩比,适合高辛烷值、大压缩比燃料燃烧。

　　对于小缸径篷顶式燃烧室,燃烧室形状会影响发动机缸内气体流动与燃烧过程,进而影响发动机性能。如果燃烧室形状合适,则可组织适当的气流运动,加快火焰传播、提高燃烧速度,这对火焰传播相对较慢的天然气发动机显得尤为重要。本章采用数值模拟计算方法,对不同燃烧室形状对天然气发动机缸内流场和燃烧过程影响进行了探讨,0♯为原活塞顶部,考虑到自由活塞发动机中自由活塞往复运动无机械装置约束,为了使活塞运动平稳,活塞顶部采用对称结构;为了增加有效压缩比,活塞顶部采取平顶或者凸顶,1♯、2♯和3♯分别为在原平顶活塞顶基础上改进的凸顶燃烧室。如图5.18所示。

图 5.18　四种活塞顶部形状

对应以上四种顶部形状燃烧室特性参数见表5.1(进气冲程和压缩冲程长度均为66 mm)。

表 5.1　四种顶部形状燃烧室特性参数

缸号	压缩比	面容比	缸号	压缩比	面容比
0♯	10.077	0.334 5	2♯	12.130	0.410 8
1♯	12.120	0.411 4	3♯	12.110	0.411 0

在以上四种结构的燃烧室中,除平顶活塞外的另外三种凸顶活塞顶部形状所形成的燃烧室中,2♯燃烧室的面容比(face/volume,表面积/容积)最小,相对而言结构最为紧凑。面容比越小,火焰传播距离越短,爆震倾向越小;同时燃烧速度越快,等容度越高,发动机热效率亦越高。

5.2.2.1　活塞顶部形状对循环进气量和换气效率的影响

发动机循环进气量的多少很大程度上决定了发动机对外输出功率和所能承载的负荷,小缸径发动机尤其如此,图5.19为不同活塞顶部形状下的循环进气量,由图5.19中可以看出,虽然1♯、2♯和3♯三个凸顶式活塞顶部在进气过程中较平顶式活塞对气流流动有一定阻力,但实际上活塞顶部形状对循环进气量影响不大,只在进气冲程初期对进气量有影响,决定自由活塞发动机循环进气量的主要因素是诸如发动机进气冲程长度这样的进气系统结构参数。

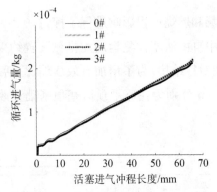

图 5.19 不同活塞顶部形状的循环进气量的影响

发动机循环进气量在很大程度上决定了发动机最大输出功率,由于发动机在排气上止点时余隙容积的存在,因而总有部分废气残存在燃烧室内,在循环进气量相差不大时,残存废气的多少影响换气效率,在自由活塞发动机活塞顶部形状由平顶改为凸顶后,在排气上止点处缸内残余废气减少,且凸顶活塞顶部对气流起导向作用,可改善换气过程,不同活塞顶部形状换气效率的影响如图 5.20 所示。由平顶活塞改成凸顶活塞后,换气效率均有提升,但三个凸顶活塞顶部组成的燃烧室换气效率相差不大。

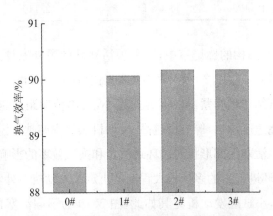

图 5.20 不同活塞顶部形状换气效率的影响

5.2.2.2 活塞顶部形状对缸内流场的影响

进气冲程活塞下移,气流由气门进入气缸,进气流截面随活塞下移逐渐开至最大,0♯平顶活塞中气流进入气缸时,与缸盖壁面无强烈碰撞和急剧变向,流动阻力小,进气充量大。1♯、2♯和3♯三种凸顶活塞在进气冲程初期亦即气门开启过程中,高速气流与活塞顶部撞击,活塞顶部对气流有一定阻碍作用,缸内涡流产生位置与尺度有差异,但随活塞不断下移,活塞顶部形状对进气的影响越来越小,而决定循环进气量的主要因素是进气系统的结构参数。活塞顶部形状对进气冲程速度场的影响如图 5.21 所示。

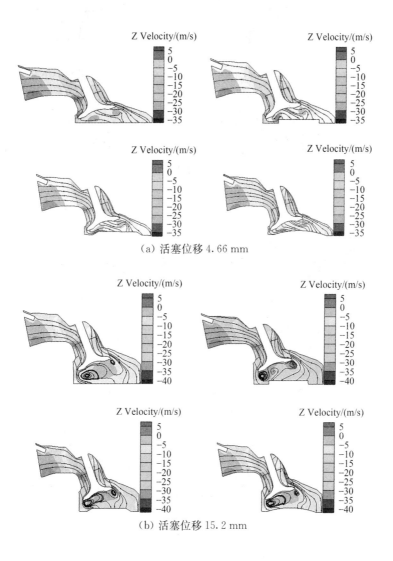

(a) 活塞位移 4.66 mm

(b) 活塞位移 15.2 mm

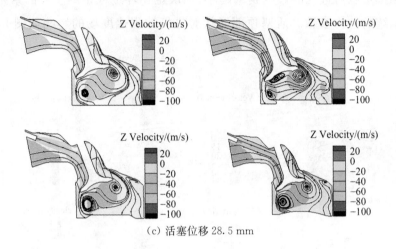

（c）活塞位移 28.5 mm

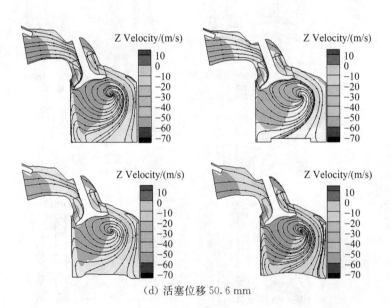

（d）活塞位移 50.6 mm

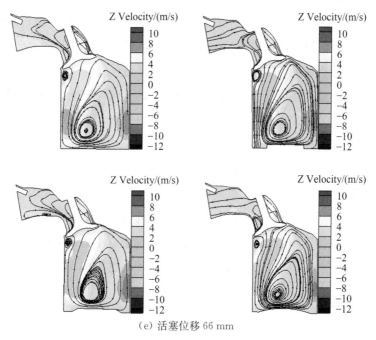

(e) 活塞位移 66 mm

图 5.21　活塞顶部形状对进气冲程速度场的影响

图 5.22 所示为进气冲程缸内工质运动强度，由图 5.22 中可看出 2♯活塞顶部燃烧室在进气冲程终了缸内湍动能相对较大，这主要是由于其活塞顶部对气流的撞击小、损耗小。

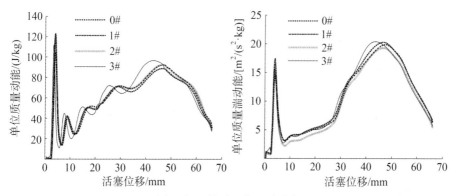

图 5.22　活塞顶部形状对缸内工质运动强度的影响

　　通过比较四种活塞顶部缸内湍流场演变过程,在气门开启过程中,缸内湍动能增加主要来自于进气射流对缸内气体的剪切与拉伸,气流与缸壁、缸盖和活塞顶部的撞击,所以活塞顶部形状一定程度上影响着缸内湍动能的分布;进气冲程后期,进气门逐步关闭,进气射流对缸内气体扰动变小最后消失,缸内湍动能主要受缸内气流自搅拌、缸内气流与壁面碰撞摩擦和活塞运动影响,活塞顶部形状对其影响减小,并且由于湍流耗散影响,湍动能在达到峰值后逐渐减小,直至上止点。

　　压缩冲程,缸内流场主要受涡流间剪切作用和气流与壁面摩擦作用,其中 1♯ 燃烧室缸内上部小涡流率先消失,而后其他三种燃烧室内小涡流也逐渐消失(图 5.23),并形成逆时针旋转大尺度滚流,但由于受到活塞顶部形状影响,缸内气体运动速度不同,因而形成的滚流中心不尽相同,0♯ 缸内滚流中心偏左下,由 1♯、2♯ 和 3♯ 缸内滚流中心逐渐偏向燃烧室中心。在

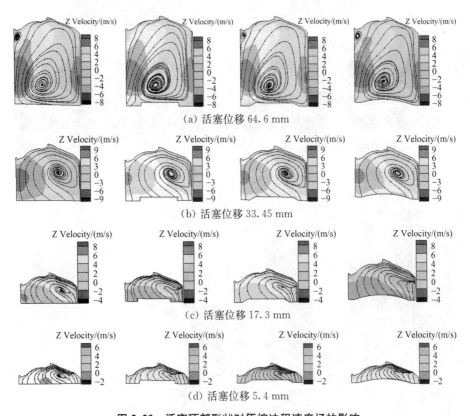

(a) 活塞位移 64.6 mm

(b) 活塞位移 33.45 mm

(c) 活塞位移 17.3 mm

(d) 活塞位移 5.4 mm

图 5.23　活塞顶部形状对压缩冲程速度场的影响

压缩过程中,随活塞上移,滚流被压扁,滚流中心在上移过程中向右偏移,并最终被压破,其中 0♯ 平顶式活塞顶部缸内滚流维持时间最久,1♯、2♯ 和 3♯ 三个凸顶活塞缸内滚流尺度、中心位置比较接近,在这三个凸顶燃烧室中,2♯ 燃烧室内气体流速相对较大。

压缩冲程,随活塞上移,逐步将混合气压缩,比较活塞形状对压缩冲程缸内湍流场影响,压缩冲程开始气门已完全关闭,压缩冲程初期,缸内高湍动能区在中下部,对于 1♯、2♯ 和 3♯ 三个凸顶活塞顶部缸内湍动能受到活塞顶部挤压,高湍动能区下部更平、更靠近活塞顶部;随着压缩冲程的继续,耗散作用的加强,缸内湍动能持续减小,在压缩冲程后期,由于活塞上行滚流被破坏成湍流,使得缸内湍流小幅增加;在活塞上移到接近上止点处,缸内混合气被最终压至燃烧室,火花塞点火前,2♯ 燃烧室的火花塞附近有较强湍流,而燃烧室具有较大挤流强度和合理的湍流分布,压缩终了缸内压力和温度较高,均有利于混合气混合。在压缩过程中 1♯、2♯ 和 3♯ 活塞顶部燃烧室内横向旋流,由于这三种活塞顶部面积均大于平顶活塞顶部面积,故均产生挤气气流,这是平顶活塞所不具有的,因此,燃烧室几何形状对缸内流场影响在压缩冲程后期得到最大体现。

5.2.2.3 活塞顶部形状对燃烧的影响

自由活塞发动机的进气冲程长度影响循环进气量、换气效率和压缩冲程初始缸内流场,进而影响发动机的燃烧过程,天然气发动机的热效率由其燃烧过程直接影响,而燃烧过程中,火焰发展情况又受到燃烧室形状的影响,比较燃烧过程四种燃烧室中火焰发展情况发现。0♯ 平顶活塞组成的燃烧室,面容比最小,火核形成和火焰发展最快,但因其压缩比小、点火前的缸内温度和压力相对较低,在一定程度上限制了火焰传播速度的加快。在除 0♯ 平顶活塞组成的燃烧室外的三个凸顶活塞组成的燃烧室中,1♯ 燃烧室火核形成和火焰传播最慢,这是因为在三个凸顶活塞组成的燃烧室中,其面容比最大,散热相对较多;2♯ 活塞顶部组成的燃烧室火核形成和火焰发展传播最快,这是因为其面容比最小,燃烧室相对紧凑。

在压缩冲程末端活塞顶部对缸内流场的影响愈发凸显,组织适当紊流,可增大火焰传播速度、冷却末端未燃混合气、减少循环变动和减小熄火厚度、降低 HC 排放,而产生紊流方法有进气涡流和挤流两种方法,图 5.24 为

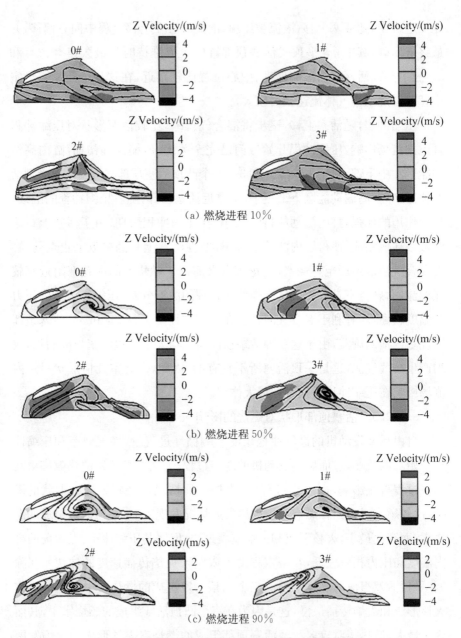

(a) 燃烧进程 10%

(b) 燃烧进程 50%

(c) 燃烧进程 90%

图 5.24 活塞顶部形状对燃烧进程缸内速度场的影响

活塞顶部形状对燃烧进程缸内速度场的影响,凸顶活塞在压缩冲程末端,产生挤流,进气旋流在压缩行程中可能会被衰减,挤气旋流则发生在燃烧初期,故对加速燃烧产生的影响更大,2#缸和3#缸内湍流更有利于火焰传播。滞燃期和燃烧持续期越短,燃烧对外做功越大。湍流对燃烧过程的影响主要在其对滞燃期的影响;初期火核成长速率和位置在一定程度上影响火焰传播速度;缩短滞燃期,加快火焰传播,还有利于减小循环变动。

凸顶燃烧室可利用挤流提高燃烧速率,同时火花塞一侧对主进气流产生一定阻碍作用,减小燃烧室内气体流动阻力,有利于气流运动组织得更好;火花塞一侧湍流强度的降低有利于点火初期燃烧的稳定性,提高点火质量,降低循环变动。

火花塞靠近燃烧室中心,可提高燃烧速率、缩短滞燃期和燃烧持续期,相比较来说,火花塞位置对平顶活塞燃烧室更趋于中心,不阻碍火焰的传播,这主要是因为火花塞中心布置点火时,使滞燃期的火焰前锋面积增加较小,燃烧持续期的火焰前锋面积增加较大,因而中心点火对滞燃期影响小于对燃烧持续期的影响。

活塞顶部形状影响压缩终了缸内的压力、温度、湍流场和速度场,进而影响火焰的形成和火焰传播,平顶活塞面容比最小,在满足压缩比和对外输出功率的情况下,尽可能选择平顶活塞。活塞顶部形状对燃烧进程和缸内压力影响如图 5.25 所示。在三种凸顶活塞中,2♯活塞顶部组成的燃烧室,燃烧进程最快,缸内峰值压力最高,更接近于等容燃烧,相对来说,效果最好;在压缩比较低时,提高压缩比可大幅提高发动机热效率,在由平顶活塞改成 2♯凸顶活塞顶部形状后,压缩比由 10.077 增至 12.1,缸内峰值压力增大了约 1 MPa。

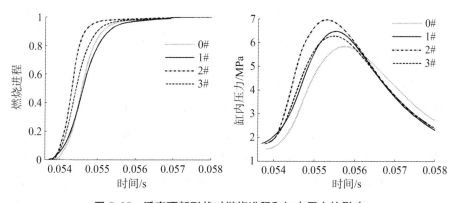

图 5.25 活塞顶部形状对燃烧进程和缸内压力的影响

5.2.3 自由活塞发动机对爆震的抑制

爆震是非缸内直喷传统发动机燃烧过程中的一种非正常燃烧现象,不仅会导致发动机燃烧效率下降,还会降低发动机使用寿命,甚至直接损害发动机。目前爆震产生原因大致分为两种:①由 Karim 提出的自燃学说,认为爆震产生的原因与末端混合气自燃密切相关,如果压力和温度过高,由燃料、空气和残余废气等组成的末端混合气则在火焰传播到来之前发生自燃即为爆震;②Curry 在 1963 年提出的火焰加速说,他认为火焰前锋面传播过程中被不断加速,进而形成冲击波,由此可能引发爆震,这两种说法从不同角度揭示了爆震的产生原因,均被认可。受爆震影响,为防止发动机机械负荷和热负荷过高而影响发动机的性能和使用寿命,通常压缩比不能过高。

目前对爆震的研究多建立在试验基础上,而爆震试验破坏性大、周期长并且成本高。三维数值模拟计算可得到缸内流场的压力、温度和流动等参数的瞬时分布,虽然目前还未有详细成熟的计算模型准确计算爆震,但是通过三维数值模拟计算预测爆震,从而得到抵制爆震的方法还是可行的。University of Wisconsin 的 Liang 等科研人员通过 CFD 建立了基于耦合化学反应动力学的爆震燃烧预测模型,结果表明爆震发生时缸内压力不均;University Politehnica of Bucharest 的 Radu 依据液化石油气发动机爆震特点提出了一个预测爆震燃烧的经验模型,应用此模型可较好预测爆震发生时刻;国内天津大学的甄旭东、清华大学的白云龙等也通过数值模拟计算的方法分别对甲醇发动机和汽油机的爆震燃烧现象进行了研究,并分别提出采用高 EGR 率加上点火提前角提前和分层当量比混合气燃烧模式抑制发动机高负荷爆震的方法。

目前点燃式发动机中通常采用推迟点火时刻、加浓混合气、采用废气再循环、可变压缩比和分层当量比混合气等多种方法抑制爆震。推迟点火时刻抑制爆震方法,减小了缸内峰值压力和峰值温度,但同时也降低了燃烧等容度、发动机循环热效率和输出动力;加浓混合气方法虽然在抑制爆震同时保证了发动机动力性,但燃油经济性明显降低、排放性能也随之变差;采用废气再循环系统抵制爆震方法不仅结构复杂、成本高,而且抵制爆震时发动机动力性和经济性也都明显下降；分层当量比混合气法使得末端混合气较稀，难以自燃，因此也可抵制爆震发生，但混合气不同组织形式会影响其燃烧特性，须使混合气尽可能做到"分区均质"。

当点燃式发动机发生爆震时，缸压信号会产生很多细小的锯齿形波动，通过监测的缸压信号可作为爆震检测标准。爆震模型计算基于 Douaud 和 Eyzat 方程对感应时间（induction time）的计算，感应时间计算方程如下：

$$\tau = 0.017\,68\left(\frac{ON}{100}\right)^{3.402}p^{-1.7}\exp\left(\frac{3\,800}{T}\right) \tag{5.1}$$

式中，ON 为燃料辛烷值；p 为缸内气体压力（绝对压力，Pa）；T 为缸内气体温度（K）。

从进气门关闭时刻 $t = IVC$ 到末端气体自然发生时刻 $t = kn$ 对感应时间的倒数积分，积分结果用 S_{ig} 表示，当 $S_{ig} = 1$，表示发生爆震。计算方程如下：

$$S_{ig} = \int_{t=IVC}^{t=kn}\frac{\mathrm{d}t}{\tau} \tag{5.2}$$

式中，IVC 为气门关闭时刻；kn 为爆震发生时刻。

理论混合气浓度附近最适宜发生自燃，进而引发爆震，偏浓或偏稀混合气对爆震起到一定抑制作用，这是因为依据基础燃烧理论，混合气燃烧速度在混合气略偏浓时达到最大值，过浓或过稀燃烧速度都会减小，火焰面速度在略偏缺氧混合气条件下传播最快。

仿真计算过程中，为捕捉爆震燃烧引起的缸内压力变化，计算时间步长减小为 $1\mathrm{e}^{-5}\mathrm{s}$；计算过程中选取的局部压力计算点位置如图 5.26 所示，分别分布在直径为 54 mm 和 58 mm 的两个圆周上。

上止点前 3 mm 点火、进气冲程长度 70.6 mm、理论混合气、压缩比为 12.95，自由活塞发动机缸内局部压力曲线如图 5.27 所示，由图 5.27 中可以看出在缸内局部压力监测点出现了预示爆震的压力波动，其中 Vertex 1207、Vertex 1161、Vertex 1209、Vertex 1206、Vertex 1210、Vertex 1214、Vertex 1182、Vertex 1208 和 Vertex 1188 处均出现压力波动；Vertex 1211 和 Vertex 1194 点未出现压力波动。分布在同一个圆周上的点之所以压力曲线波动程度差别较大，主要原因是发动机缸盖非规则，火花塞

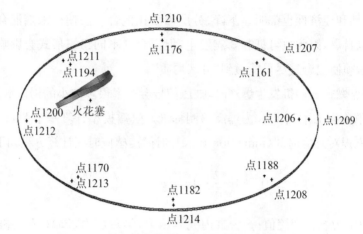

图 5.26 自由活塞发动机缸内局部压力计算点位置

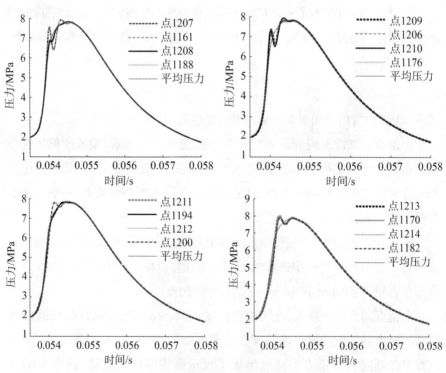

图 5.27 自由活塞发动机缸内局部压力曲线

位置未在正中间,Vertex 1211 和 Vertex 1194 等距离火花塞位置相对较近
的监测点,火焰相对较快到达,混合气直接由火焰点燃,而非先自燃再点燃;
虽然 Vertex 1200 和 Vertex 1212 点也距离火花塞较近,但缸盖结构影响了

火焰传播,因而出现一定程度的压力波动,Vertex 1207、Vertex 1208 和 Vertex 1209 三点距离火花塞位置最远,火焰传播过来所需时间较长,因此相对来说更易发生爆震。

充分发挥自由活塞发动机优势,通过调整电磁力控制活塞运动,压缩比调定在 12.1 时计算的局部缸内压力曲线如图 5.28 所示,此时图 5.28 中的各压力监测点压力曲线光滑,未出现因爆震而产生的压力波动,由此看出,依据发动机负荷,通过调整电磁力控制自由活塞运动,小负荷工况采用高压缩比,以提高发动机热效率和燃油经济性,发动机易爆震的大负荷工况采用较小压缩比可有效抑制爆震。

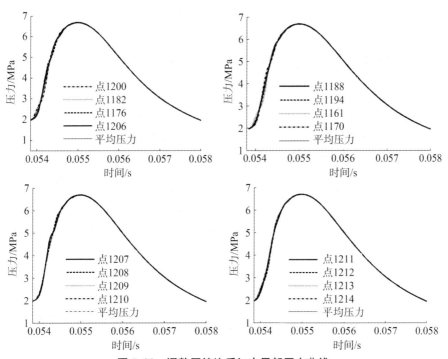

图 5.28　调整压缩比后缸内局部压力曲线

5.3　点火时刻的影响

在确定了气门正时和气门升程,选择了最佳形状燃烧室和压缩比之后,本节通过数值模拟方法探究点火时刻对四冲程自由活塞天然气发动机的影响。在发动机转速一定、混合气浓度不变时,点火时刻成为除燃料物性外对天然气发动机燃烧最为重要的影响因素;点火时刻的提前或推迟还会影响缸内的实时压力,因而点火时刻对自由活塞发动机的影响更大。

由于天然气主要成分甲烷为短链烃,其活化能高,层流火焰传播速度仅为 0.337 m/s,发展周期长,火花点火过程非常复杂,点火性能的好坏,直接关系后期火焰发展情况和发动机循环变动的大小。天然气发动机随点火时刻推迟,火焰发展期有少量变化,但主燃烧阶段随点火时刻推迟而增长,因此传统天然气发动机须通过点火时刻适当提前缩短总燃烧期,使燃烧峰值接近上止点,但点火时刻提前后,缸内压力随之上升,活塞向上运动困难。图 5.29 分别表示了在上止点前 3 mm、4 mm 和 5 mm 点火时缸内温度场变化,上止点前 4 mm 点火时,火焰传播最快,这是因为上止点前 3 mm 点火时稍显推迟,造成天然气燃烧偏离上止点,等容度不好;上止点前 5 mm 点火时,点火时刻提前,火核形成初期火焰传播快,此时距离上止点远,缸内阻力小,但随着燃烧的继续,缸内压力上升,活塞压缩负功增多,使得火焰传播相对变慢。点火正时对燃烧前半段影响较大,对燃烧后半段影响较小。

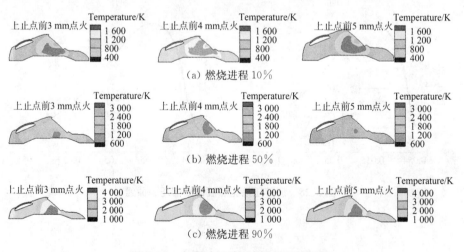

(a) 燃烧进程 10%

(b) 燃烧进程 50%

(c) 燃烧进程 90%

图 5.29 点火时刻对缸内温度场的影响

图 5.30 和图 5.31 分别表示点火时刻对缸内速度场和湍流场的影响,点火时刻缸内流场对点火过程有重要影响,火花塞周围湍流场太强,不利于

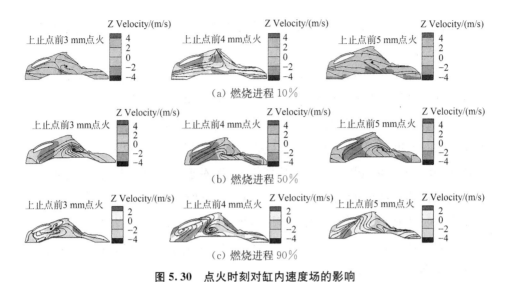

图 5.30　点火时刻对缸内速度场的影响

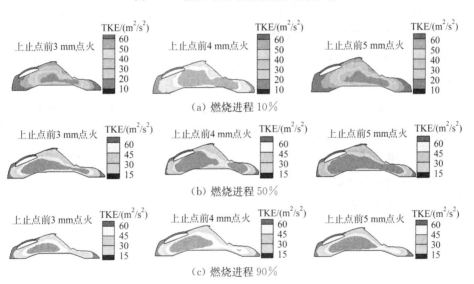

图 5.31　点火时刻对缸内湍流场影响

初始火核的形成,甚至有可能吹熄火核,因此点火时刻,火花塞处低湍动能,有利于形成稳定的火核。在点火初期,活塞处在压缩冲程的后半程,处于减速运行,上止点前 5 mm 点火时,活塞运动速度相对较大,但进气冲程形成的滚流在压缩冲程不断耗散,并破碎成湍流,因而在燃烧进程为 10% 时,上止点前 5 mm 点火时缸内湍动能并非最大,小于上止点前 4 mm 点火,远离火花塞部位湍动能的增大,有利于火焰传播;点火时刻推后,活塞运动速度降低,燃烧开始阶段平均湍流火焰传播速度快,因此上止点前 4 mm 点火优于上止点前 5 mm 点火。

对于传统发动机,主燃期随点火提前角的增大而增大,着火逐渐提前,燃烧开始时仍处于压缩阶段,混合气温度和压力进一步提高,火焰传播速度加快,火焰传播距离短,因此主燃期随点火提前角的增大而减小;发动机燃烧起始时刻提前,上止点前混合气燃烧增多,发动机缸内最高爆发压力随之增大,并且最高爆发压力对应的位置提前;而对于自由活塞发动机,随点火时刻前移,缸内最大燃烧压力亦呈上升趋势,同时有前移趋势,这主要是由于点火时刻提前,使得燃烧始点前移,同时燃烧重心前移,所以,缸内最大燃烧压力上升且前移,而要达到预期的压缩上止点,就使得压缩负功增多,减小了发动机的对外输出功。

图 5.32 所示为点火时刻对自由活塞发动机燃烧进程影响,在其他条件不变的情况下,适当推迟点火时刻,可增加点火时刻缸内压力和温度,缩短滞燃期;由于自由活塞发动机压缩过程需要消耗功,进气过程弹簧压缩吸收的弹性势能在压缩比增大后不足以把活塞回复到上止点,因而在增大压缩比后,压缩冲程不仅消耗了弹簧的弹性势能,还需要消耗电能,以确保把活塞压回上止点,若点火时刻提前,则点火后缸内压力增大迅速,因而消耗的压缩负功也会随之增多,因此,自由活塞天然气发动机点火时刻相比于传统天然气发动机点火时刻要迟一些。点火时刻在上止点前 3 mm 和 5 mm,燃烧更快,缸内峰值压力也相对更高。

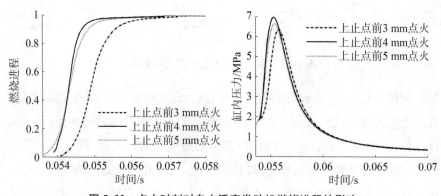

图 5.32　点火时刻对自由活塞发动机燃烧进程的影响

5.4　过量空气系数的影响

由于天然气主要成分甲烷 CH_4 中 H/C＝4，因而甲烷也是氢碳比例最高的含碳燃料，被称为清洁能源，其理论空燃比已在 3.4 节中计算，通过计算可知，天然气的理论空燃比为 17.2，相比于柴油理论空燃比 14.2 和汽油理论空燃比 14.8，其燃烧单位质量的燃料需要更多空气与其充分混合，同时由于燃料密度低，使得天然气单位体积的混合气热值低，约为 3.23 MJ/m^3，而汽油为 3.758 MJ/m^3，柴油则为 3.82 MJ/m^3。

天然气着火界限宽，火花点燃时过量空气系数上限可达 1.7，虽然稀燃可提高平均有效压力，降低燃烧温度和 NO_x 排放，但在低负荷时，易出现混合气过稀，减慢火焰传播速度，稀燃易导致燃烧不完全，且燃烧循环变动大，甚至造成失火或者燃烧不完全，使 CO 和 HC 排放增加，同时降低发动机效率，因而过量空气系数对天然气发动机燃烧影响较大。图 5.33 所示为过量空气系数对自由活塞天然气发动机燃烧过程的影响，由图 5.33 中可以看到，相同运转频率下，最高燃烧压力随过量空气系数减小而增大，减小过量空气系数，混合气偏浓，在燃烧初期放热量多。过量空气系数对燃烧过程、火焰厚度及火焰传播速率也有较大影响。增大过量空气系数，混合气变稀，化学能密度和火焰温度下降，火焰层变厚，燃烧速度减慢，由燃烧区向外传

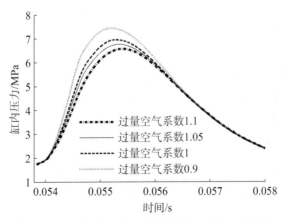

图 5.33　过量空气系数对燃烧过程缸内压力的影响

热时间增长,燃烧变差,因此需要增大火花塞间隙和点火能量,以保证点火成功。

图 5.34 所示为过量空气系数对燃烧进程的影响,减小过量空气系数,混合气浓度增加,火焰传播速度快,滞燃期和主燃期短、燃烧快、放热率大,缸内压力和燃烧温度高,造成 NO_x 排放的大量生成;当过量空气系数加大时,缸内混合气浓度降低,火焰传播速度减慢,滞燃期和主燃期增长、燃烧速度变慢、放热变小,缸内压力和燃烧温度越来越低,NO_x 生成量越来越少。

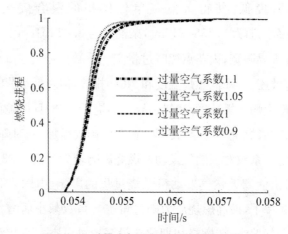

图 5.34　过量空气系数对燃烧进程的影响

5.5　缸外独立压缩的影响

由于燃料缸外喷射时占用了部分空间,所以天然气发动机主要缺点是动力性不足,对于小缸径发动机尤其如此,采用缸外独立压缩自由活塞发动机则可有效弥补这一不足,图 5.35 所示为不同缸外独立压缩对缸内循环进气量的影响,在相同进气冲程长度情况下,由自然吸气改为缸外独立压缩比 1.3 时,循环进气量增大了 21.8%,增幅还是非常明显的,这是因为通过采用缸外独立压缩技术,提高了进气充量密度,进而增加进入气缸的新鲜空气质量。

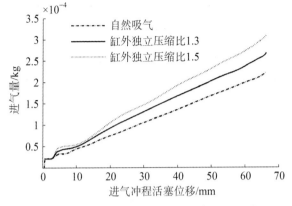

图 5.35　缸外独立压缩对循环进气量的影响

缸外独立压缩不仅可增大循环进气量,还可有效改善换气质量,图 5.36 所示为缸外独立压缩比对换气效率的影响,这主要是由于在排气上止点不变时,缸内残余质量差别不大,采用缸外独立压缩,有效提高了进气充量密度,增加了循环进气量,因而残余废气所占比重也随之降低,改善了换气状况。

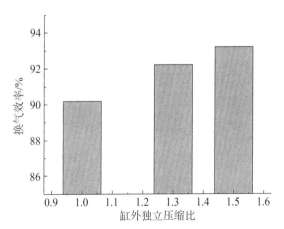

图 5.36　缸外独立压缩比对换气效率的影响

采用缸外独立压缩的自由活塞发动机,通过缸外独立压缩与缸内压缩相结合的方式,把一部分缸内压缩移至缸外压缩后,气缸入口工质密度增加,意味着气缸中可进入更多的空气,因而单位容积内可燃烧更多燃料;同时,降低了缸内压缩冲程压缩比,还可降低压缩终点温度,意味着燃烧等量燃料时,壁温降低,或者同样壁温下可燃烧更多燃料,因此,采用缸外独立压缩后,可以在不增加热负荷和最高爆发压力的同时,提高发动机输出功率(图 5.37),但缸外独立压缩比也不能太大,以防缸内压缩比过小,点火前缸内温度过低,造成点火困难,综合考虑,缸外独立压缩比的取值范围可在 1~3 之间。

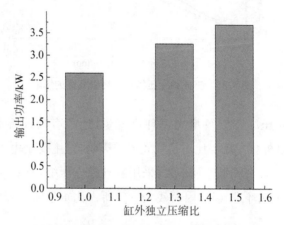

图 5.37 缸外独立压缩比对输出功率的影响

5.6 可变膨胀冲程的影响

自由活塞发动机不仅进气冲程长度和压缩比可变,通过调整电磁力,膨胀比依然可变,膨胀冲程初期施加大的电磁力,减慢活塞运动,使燃烧尽可能接近等容燃烧;膨胀冲程中后期,减小电磁力,使活塞快速膨胀做功,减少传热,同时还可增大膨胀冲程长度,实现了膨胀比大于压缩比,打破了传统发动机膨胀比须与压缩比保持一致的限制,膨胀冲程可更充分地将燃料燃烧产生的热能转变为驱动活塞运动的机械能,弥补天然气发动机能力性不足的缺点,提高了自由活塞发动机的热效率,同时改善了发动机的燃油经济性。

自由活塞发动机对缸内工质特性更加敏感,尤其是缸内压力,而压力又与温度密不可分,与 Otto 循环相比,基于 Atkinson 循环的自由活塞发动机,膨胀比大很多,总体来说其排气温度比 Otto 循环的排气温度低许多。图 5.38 所示为采用图 4.12 所示活塞运动不同膨胀比对膨胀终了温度的影响,由图 5.38 中可看出,膨胀终了温度其实不单纯受膨胀比的影响,还要受到活塞运动过程对燃烧的影响。

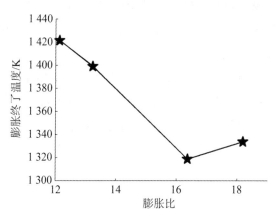

图 5.38　膨胀比对膨胀终了温度的影响

　　本章在数值模拟的基础上,对影响自由活塞天然气发动机性能的主要因素进行了分析,研究结果如下:

　　(1) 气门开启时刻和气门升程对自由活塞发动机缸内循环进气量影响较小,但会影响缸内流场,基于电磁驱动气门的自由活塞发动机,取消了节气门,减小了泵气损失。

　　(2) 调整进气冲程长度可改变发动机的循环进气量,进而调整自由活塞发动机负荷,在压缩上止点不变时,调整进气冲程长度还可调节压缩比;在进气冲程长度和压缩上止点不变时,活塞顶部形状由平顶改为凸顶,增大了压缩比,提高了换气效率;活塞顶部形状对缸内涡流的影响主要体现在进气门开启过程中凸顶活塞对进气的诱导作用,及在压缩后期挤流与滚流的耦合作用和影响,平顶活塞燃烧室火焰发展相对较快,但其压缩比小,换气效率低,缸内压力低于凸顶活塞顶部组成的燃烧室;三个凸顶活塞顶部组成的燃烧室中,2♯燃烧室换气效率高,面容比相对较小,热效率更高。用数值模拟计算的方法对爆震进行计算,自由活塞发动机通过可变压缩比可对爆震进行有效抑制。

（3）自由活塞对缸内压力非常敏感，点火时刻会影响缸内压力，进而影响活塞运动，为了确保顺利点火，同时尽量减少压缩负功，相对于传统天然气发动机点火时刻应适当推迟。

（4）缸外独立压缩可提高进气工质密度，增大进入气缸工质质量，在点火前压力保持不变时，还可降低缸内压缩比，从而在不增加自由活塞发动机热负荷和缸内峰值压力的同时，提高发动机输出功率，但为确保顺利点火，缸内压缩比也不能太低。

（5）燃烧过程和活塞运动相互影响，两者共同决定了自由活塞膨胀终点的位置，可变膨胀冲程是自由活塞发动机的另一大特色，延长膨胀冲程长度可增加膨胀过程对外输出功，提高发动机热效率。

第6章

总结与展望

6.1 本书主要工作

在能源日益短缺和环境污染日趋严重的今天,对传统汽油机、柴油机进行技术改进以期实现节能环保的同时,寻找替代能源和改变传统热力循环过程的需要日趋迫切,天然气因其资源丰富和清洁燃烧成为汽车替代能源的首选。基于 Atkinson 循环的自由活塞发动机因结构简单、热效率高且可同时兼顾现有能源和替代能源的利用,非常适合作为动力装置用于增程式电动汽车和混合动力汽车。本书主要针对基于 Atkinson 循环的四冲程自由活塞天然气发动机的热力过程及其实现问题,进行了详细而深入的分析,并取得了一些创新性的研究成果。本书主要研究内容及取得的成果总结如下:

(1)建立了基于缸外独立压缩的自由活塞发动机理论热力循环模型,并运用热力学第一定律和第二定律对其进行了热力分析。高膨胀比的 Atkinson 循环自由活塞发动机循环热效率和㶲效率都高于传统 Otto 循环发动机;增大膨胀比可增加自由活塞对外输出功,提高自由活塞发动机的循环热效率和㶲效率。依据循环热效率最高,定义了最优膨胀比;根据膨胀终了压力所限,定义了膨胀比极限,经对比发现,膨胀比极限小于最优膨胀比,因此膨胀比不能无限增加,这不仅受结构所限,而且还受膨胀比极限所限;对每种具体工况,都存在一个与压缩始点温度、压缩比、缸外独立压缩比及工质属性相关的膨胀比极限；在确保缸内压缩可点火情况下，缸外独立压缩对自由活塞发动机非常有利。

（2）在原四冲程自由活塞汽油机原理样机基础上，设计了天然气电控喷射系统，改进了点火系统，搭建了四冲程自由活塞天然气发动机原理样机试验平台，进行了相关台架试验，四冲程自由活塞天然气原理样机可连续稳定运行，验证了自由活塞发动机的多燃料适应性；天然气在自由活塞发动机中燃烧与在传统发动机中燃烧相比，要适当推迟点火，以减少压缩负功和传热损失；自由活塞天然气发动机膨胀比由 10.09 增至 11.02，发动机输出电功率由 1.92 kW 增至 2.217 kW，达到了样机以汽油为燃料时的输出功率，弥补了传统汽油机改用天然气后动力性下降的缺点。

（3）依据四冲程自由活塞发动机工作原理和自由活塞运动特点，建立了自由活塞动力学模型，借助通用流体计算软件平台，开发了可逐步解算自由活塞运动规律的计算软件模块，建立了自由活塞发动机缸内工作过程的三维瞬态数值模拟计算数学模型、三维几何模型，并结合前期试验，验证了所建模型和自由活塞运动规律定义的正确性；在调试 UDF 二次开发定义的自由活塞运动规律程序的过程中发现，不仅外部刚体宏观位移计算时调用刚体运动程序，内部网格重构时也会调用此程序；探讨了自由活塞运动对缸内流场的影响，采用慢进气快压缩、燃烧初期活塞运动慢后期快的活塞运动规律，可增大压缩终了缸内工质运动强度，有利于火焰传播，并使燃烧尽可能接近等容燃烧。

（4）在自由活塞发动机全过程三维瞬态数值模拟计算基础上，分析了气门正时、活塞顶部形状、点火正时、缸外独立压缩和压缩比与膨胀比对自由活塞发动机性能的影响。中低转速下，气门正时和气门升程对循环进气量影响不大，循环进气量主要随进气冲程长度线性增加；活塞顶部形状由平顶改为凸顶后，在发动机运转频率不变的情况下，增大了压缩比，提高了换气效率；自由活塞的运动是作用在自由活塞上各力耦合作用的结果，因此其对缸内压力非常敏感，压缩比的增大、点火时刻的提前和任何加快燃烧反应进程的因素，都会影响活塞的运动；燃烧过程和活塞运动高度耦合、相互影响，两者共同决定了自由活塞膨胀终点的位置，可变膨胀冲程是自由活塞发动机的另一大特色，延长膨胀冲程长度可增加膨胀过程对外输出功，提高发动机热效率;用数值模拟计算方法分析了依据发动机负荷调整电磁力以控制自由活塞运动,小负荷工况采用高压缩比,以提高发动机热效率和燃油经济性,发动机易爆震的大负荷工况采用较小压缩比可有效抑制爆震。

6.2　本书创新性

本书在以下三方面取得了一些创新性成果:

(1) 建立了缸外独立压缩的四冲程自由活塞发动机理论循环模型,应用热力学第一定律和第二定律分析热力循环,定义了最优膨胀比和膨胀比极限,并研究了其相互关系和实现的可能性。

(2) 在原自由活塞汽油机原理样机基础上,设计了天然气电控喷射系统并改进了点火系,建立了四冲程自由活塞天然气发动机原理样机系统,实现了样机的连续稳定运行,验证了自由活塞发动机良好的多燃料适应性。

(3) 建立了自由活塞的动力学模型,开发了逐步解算自由活塞运动规律的软件模块,完成了四冲程自由活塞天然气发动机工作过程三维数值模拟,探明了主要设计参数对四冲程自由活塞天然气发动机性能的影响。

6.3　研究趋势

尽管本书作者对四冲程自由活塞天然气发动机全过程仿真模拟研究做了大量工作,但是四冲程自由活塞发动机仍处于试验室研究阶段,车用动力装置是一个庞大复杂的动力系统,目前的研究只是迈出了探索性的一步,随着研究的不断深入,对自由活塞发动机运动规律的认识才能不断深化,要使得四冲程自由活塞发动机真正用于增程式电动汽车或混合动力汽车,还有一些问题需要进一步深入研究。本书列举了以下几个重要且急迫的关于四冲程自由活塞发动机的研究方向:

1) 在协同仿真计算方面

(1) 自由活塞运动规律优化机制。继续完善自由活塞发动机仿真计算模型,尤其是活塞运动规律计算模型,从热力学角度优化出自由活塞运动规律,提高发动机对外输出功率并减少热损失。

(2)四冲程自由活塞发动机多缸协同工作运动特性的研究。用于增程式电动汽车或混合动力汽车的四冲程自由活塞发动机的运动特性比较复杂,活塞组件不仅受到自身热力学与动力学约束,而且还须与发电机配合工作;为了得到较大输出功率,还须考虑多缸协同工作时既彼此独立又相互协调工作的控制问题;不同工况需要不同输出功率时停缸控制、多缸工作时的优化问题;以期得到高的发电效率和输出电功率,为此还将考虑受到直线电机的动力学约束,为提高四冲程自由活塞发动机动态特性,还须对瞬时功率及储能装置结构组成及控制策略进行深入研究。

2)在实验研究方面

(1)继续完善四冲程自由活塞发动机试验研究。由于目前发动机缸盖为篷顶状,燃烧室容积较大,受初始设计活塞最大行程所限,目前一代自由活塞发动机试验中最大压缩比只能达到 7.7 左右,远未达到天然气发动机较优压缩比 12,原理样机试验测得数据远未达到最优,还有很大提升空间,将在以后的发动机设计中改进;不同燃烧室对燃烧组织影响不同,大面容比会增大散热损失,可对文中仿真计算优化后的燃烧室形状进行实验研究,优化火焰传播及合理组织燃烧;氢能是最绿色清洁的燃料,未来还须进一步实验氢能在自由活塞发动机中的可靠燃烧。

(2)要将四冲程自由活塞发动机诸多潜在优势变为真正优势,还须进一步优化燃烧组织,以及尝试新型燃烧方式如均质压燃燃烧技术、燃油反应活性控制压燃(reactivity controlled compression ignition,RCCI)技术等在自由活塞发动机的试验研究。

(3)车载实验研究。目前所有的实验都是在实验室内进行,实验室与真正的车载实验还有一些差距,条件成熟时可进行车载实验研究,在耦合不同组成与条件的基础上,进行路上实验,可加快自由活塞发动机在增程式发动机与电动汽车上的应用。

3)在直线电机结构设计及控制方面

(1)自由活塞发动机峰值加速度比传统发动机大很多,对于自由活塞在上止点位置的精确控制难度加大。

（2）自由活塞发动机与电磁驱动气门配合，理论上可使发动机不同工况下性能均能最佳，通过取消节气门，调节气门开启时刻、开启持续时间及气门升程以适应不同发动机负荷，这样可使发动机经济性和动力性均较佳，但这需要实现电磁驱动气门与直线电机联合控制。

（3）本书中采用动圈式永磁直线电机，其优点是动子惯量小、响应快、便于控制，但动圈式行程受限，功耗损失较大，还须考虑散热问题，取消了曲柄连杆机构后，自由活塞发动机的冷却和润滑问题也不容忽视。

参 考 文 献

［1］ 马芸芸,黎雅婷,周景坤.长三角地区雾霾成因及改进对策研究[J].河北企业,2020
(7)：12 - 14.

［2］ 高广阔,宋皓,陈康,等.雾霾对上海调整公路交通安全的影响分析[J].物流科技,
2020,43(7)：73 - 77.

［3］ James J Winebrake. Requiem or respite an assessment of the current state of the
US alternative fuel vehicle market [J]. Strategic Planning for Energy and the
Environment，2009,19(4)：43 - 63.

［4］ Chris Kimble, Hua Wang. China's new energy vehicles：value and innovation
[J]. Journal of Business Strategy, 2013,34(2)：13 - 20.

［5］ Rittmar von Helmolt, Ulrich Eberle. Fuel cell vehicles：status 2007[J]. Journal of
Power Sources, 2007(165)：833 - 843.

［6］ Mori D, Hirose K. Recent challenges of hydrogen storage technologies for fuel cell
vehicles [J]. International Journal of Hydrogen Energy, 2009(34)：4569 - 4574.

［7］ 陈清泉.可持续交通的挑战[J].科学,2007,59(6)：25 - 27.

［8］ Matt V W, Remon P I. Development of a dual-fuel power generation system for
an extended range plug-in hybrid electric vehicle [J]. IEEE Transactions on
Industrial Electronics, 2010,57(2)：641 - 648.

［9］ Jochem W, Kevin R, David J. Development of electric and range-extended electric
vehicles through collaboration partnerships [J]. SAE International Journal of
Passenger Cars-Electronic and Electrical Systems, 2010,3(2)：215 - 219.

［10］ Mikalsen R, Roskilly A P. A review of free-piston engine history and applications
[J]. Applied Thermal Engineering, 2007(27)：2339 - 2352.

［11］ Xu Zhaoping, Chang Siqin. Prototype testing and analysis of a novel internal
combustion linear generator integrated power system [J]. Applied Energy, 2010

(87)：1342 - 1348.

[12] 任桂周.内燃-直线发电集成动力系统储能装置的研究[D].南京：南京理工大学,2011.

[13] 常思勤.汽车动力装置[M].北京：机械工业出版社,2006.

[14] Mikalsen R，Roskilly A P. The design and simulation of a two stroke free-piston compression ignition engine for electrical power generation [J]. Applied Thermal Engineering，2008(28)：589 - 600.

[15] 帅石金,欧阳紫洲,王志,等.混合动力乘用车发动机节能技术路线展望[J].汽车安全与节能学报,2016,7(1)：1 - 13.

[16] 杨华勇,夏必忠,傅新.液压自由活塞发动机发展历程及研究现状[J].机械工程学报,2001,37(2)：1 - 7.

[17] Sorin Petreanu. Conceptual analysis of a four-stroke linear engine [D]. Morgantown：West Virginia University，2001.

[18] 常思勤,徐照平.内燃-直线发电集成动力系统概念设计[J].南京理工大学学报(自然科学版),2008(4)：449 - 452.

[19] Brusstar M，Gay C，Jaffri K，et al. Design，development and testing of multi-cylinder hydraulic free-piston engines [J]. SAE Technical Paper，2005(1)：1167.

[20] Ren Haoling，Xie Haibo，Yang Huayong，et al. Asymmetric vibration characteristics of two-cylinder four-stroke single-piston hydraulic free piston engine [J]. J. Cent. South Univ.，2014(21)：3762 - 3768.

[21] Pescara R P. Motor compressor apparatus：US，1657641[P]. 1928.

[22] Hermann Junkers. Free piston engine：US，2102121[P]. 1937.

[23] Achten A J. A Review of free piston engine concepts [J]. SAE Paper：941176，1994.

[24] Tian Zhuang，Boyd John H Jr. Linear compressor controller：US，8221088B2 [P]. 2012.

[25] Zhang Xiangqun. Modeling and simulation of a hybrid-engine [D]. Saskatchewan：University of Regina，1997.

[26] Nemecek P，Sindelka M，Vysoky O. Modeling and control of free-piston generator [C]. Preprints of 3rd IFAC Symposium on Mechatronics Systems，2003.

[27] Nemecek P，Sindelka M，Vysoky O. Modeling and control of linear combustion engine [C]. IFAC Symposium on Advances in Automotive Control，2004.

[28] Nemecek P，Vysoky O. Control of two-stroke free piston generator [C]. Proceedings of the 6th Asian Control Conference，2006.

[29] Cawthorne W，Famouri P，Clark N，et al. Integrated design of linear alternator-engine system for HEV auxiliary power unit [C]. IEEE Electric Machines and

Drives Conference，2000.

[30] David Houdyschell. A diesel two-stroke linear engine [D]. Morgantown：West Virginia University，2000.

[31] Csaba T N. Linear engine development for series hybrid electric vehicles [D]. West Virginia：Dissertation of West Virginia University，2004.

[32] Van Blarigan P. Advanced internal combustion electrical generator [C]// Proceedings of the 2002 U. S. DOE Hydrogen Program Review. NREL/CP-610-32405. 2002：1-16.

[33] Van Blarigan P. Rapid combustion electrical generator [J]. Reciprocating Engines Peer Review. Illinois，United States，2002.

[34] Jaeheun Kim，Choongsik Bae，Gangchul Kim. The effects of spark timing and equivalence ratio on spark-ignition linear engine operation with liquefied petroleum gas [C]. SAE Paper 2012-01-0424，2012.

[35] Yongil Oh，Ocktaeck Lim，Gangchul Kim，et al. A study for generating power on operating parameters of powerpack utilizing linear engine [C]. SAE Paper 2012-32-0061，2012.

[36] Carter Douglas，Wechner Edward. The free piston power pack_sustainable power for hybrid electric vehicles [C]. SAE Technical Paper Series 2003-01-3277，2003.

[37] Ugochukwu Ngwaka，Andrew Smallbone，Boru Jia，et al. Evaluation of performance characteristics of a novel hydrogen-fuelled free-piston engine generator [J]. International Journal of Hydrogen Energy，2020，doi：10.1016/j. ijhydene. 2020. 02. 072.

[38] Xu Zhaoping，Chang Siqin. Prototype testing and analysis of a novel internal combustion linear generator integrated power system [J]. Applied Energy，2010 (87)：1342-1348.

[39] 徐照平. 内燃-直线发电集成动力系统的关键技术研究及其系统实现[D]. 南京：南京理工大学，2010.

[40] 刘念鹏，徐照平，刘梁，等. 四冲程自由活塞内燃发电机样机设计与试验研究[J]. 小型内燃机与车辆技术，2018，47(2)：1-5.

[41] 李庆峰. 自由活塞内燃发电机的研究[D]. 上海：上海交通大学，2011.

[42] Jia Boru，Tian Guohong，Feng Huihua，et al. An experimental investigation into the starting process of free-piston engine generator [J]. Applied Energy，2015 (157)：798-804.

[43] 付长来，汪洋，耿鹤鸣，等. 点燃式液压自由活塞发动机高增压燃烧过程的试验与仿真研究[J]. 内燃机工程，2019，40(2)：8-14.

[44] Yuan Chenheng, Ren Haigen, Xu Jing. Experiment on the ignition performances of a free-piston diesel engine alternator [J]. Applied Thermal Engineering, 2018 (134)：537 - 545.

[45] 刘永长. 内燃机热力过程模拟[M]. 北京：机械工业出版社，2000.

[46] 吕继组，白敏丽，邵治家，等. 计算机辅助工程(CAE)在内燃机中的应用[J]. 内燃机工程，2006(6)：18 - 22.

[47] 蒋炎坤. CFD辅助发动机工程的理论与应用[M]. 北京：科学出版社，2004.

[48] Mao Jinlong, Zuo Zhengxing, Feng Huihua. Parameters coupling designation of diesel free-piston linear alternator [J]. Applied Energy, 2011(88)：4577 - 4589.

[49] Mao Jinlong, Zuo Zhengxing, Li Wen, et al. Multi-dimensional scavenging analysis of a free-piston linear alternator based on numerical simulation [J]. Applied Energy, 2011(88)：1140 - 1152.

[50] 刘敏江，汪洋，耿鹤鸣，等. 多点点火对高强化液压自由活塞发动机燃烧过程影响的仿真研究[J]. 内燃机工程，2019,40(6)：71 - 77.

[51] 胡耀辉，汪洋，耿鹤鸣，等. 二冲程液压自由活塞发动机换气过程影响因素的仿真研究[J]. 内燃机工程，2019,40(2)：118 - 124.

[52] Atkinson C M, Petreanu S, Clark N N, et al. Numerical simulation of a two-stroke linear engine-alternator combination [C]. SAE Paper 1999 - 01 - 0921,1999.

[53] David Houdyschell. A diesel two-stroke linear engine [D]. Morgantown：West Virginia University, 2000.

[54] Shoukry Ehab F, Taylor S, Clark N, et al. Numerical simulation for parametric study of a two-stroke direct injection linear engine [C]. SAE Paper 2002 - 01 - 1739,2002.

[55] Shoukry Ehab F. Numerical simulation for parametric study of a two-stroke compression ignition direct injection linear engine [D]. Morgantown：West Virginia University, 2003.

[56] ScottGoldsborough, PeterVan Blarigan. Optimizing the scavenging system for a two-stroke cycle, free piston engine for high efficiency and low emissions：a computational approach [C]. SAE Paper 2003 - 01 - 001,2003.

[57] Kleemann A P, Dabadie J C, Henriot S. Computational design studies for a high-efficiency and low-emissions free piston engine prototype [C]. SAE Paper 2004 - 01 - 2928,2004.

[58] Miriam Bergman, Valeri Golovitchev. Application of transient temperature vs. equivalence ratio emission maps to engine simulations [C]. SAE Paper 2007 - 01 - 1086,2007.

[59] Jakob Fredriksson, Miriam Bergman. Modeling the effect of injection schedule change on free piston engine operation [C]. SAE Paper 2006 - 01 - 0449,2006.

[60] Milalsen R, Roskilly A P. A computational study of free piston diesel engine combustion [J]. Applied Energy, 2009(86): 1136 - 1143.

[61] Milalsen R, Roskilly A P. The fuel efficiency and exhaust gas emissions of a low heat rejection free-piston diesel engine [C]//Proceedings of the Institution of Mechanical Engineers, Part A: Journal of Power and Energy, 2009(223): 379 - 386.

[62] 任好玲. 四冲程单活塞式液压自由活塞发动机运动机理与特性研究[D]. 杭州:浙江大学,2013.

[63] 郭剑飞. 四冲程单活塞式液压自由活塞发动机运动特性优化研究[D]. 杭州:浙江大学,2015.

[64] 常思勤,徐照平. 内燃-直线发电集成动力系统:中国,CN10019410.0[P]. 2007 - 01 - 22.

[65] Einewall P, Tunestål P, Johansson B. Lean burn natural gas operation vs. stoichiometric operation with EGR and a three way catalyst [C]. SAE Paper 2005 - 01 - 0250,2005.

[66] Haeng Muk Cho, He Bang-Quan. Spark ignition natural gas engines — a review [J]. Energy Conversion and Management, 2007(48): 608 - 618.

[67] 熊云,胥立红,钟远利. 汽车节能技术原理及应用[M]. 北京:中国石化出版社,2007.

[68] 中国科学技术协会. 2007—2008 年车辆工程学科发展报告[R]. 北京:中国科学技术出版社,2008.

[69] 王俊秀. 中国汽车社会发展报告(2012—2013):汽车社会与规则(2013 版)[M]. 北京:社会科学文献出版社,2013.

[70] 崔民选. 中国能源发展报告 2009[M]. 北京:社会科学文献出版社,2009.

[71] Rosi ABU Bakar. Design and development of a new CNG (compressed natural gas) engine [D]. Johor Bahru: Pusat Pengursan Pengyelidikan University Teknologi Malaysia, 2002.

[72] Rosi ABU Bakar. Design and development of a new CNG (compressed natural gas) engine [D]. Johor Bahru: Pusat Pengursan Pengyelidikan University Teknologi Malaysia, 2002.

[73] 尹凝霞,李深杰,侯振兴. 发展单燃料天然气公共交通工具的社会意义和经济效益 [J]. 廊坊师范学院学报(自然科学版),2013(4): 54 - 57.

[74] Hella Engerer, Manfred Horn. Natural gas vehicles: an option for Europe [J]. Energy Policy, 2010(38): 1017 - 1029.

[75] 李永昌. 世界天然气汽车发展历程掠影——纪念全球 CNG 汽车保有量逾一千万 [C]. 四川省第九界汽车学术交流年会，2009：81 - 100.

[76] 杨立平 . 4SH—N 天然气发动机工作过程优化及排放控制[D]. 长春：吉林大 学，2008.

[77] Wunsch D，Heyne S. Numerical flow simulation of a natural gas engine equipped with an unscavenged auto-ignition prechamber [C]//Proceedings of the Third European Combustion Meeting，2007.

[78] Amr Ibrahim，Saiful Bari. Optimization of a natural gas SI engine employing EGR strategy using a two-zone combustion model [J]. Fuel，2008(87)：1824 - 1834.

[79] Andrzej Sobiesiak，Zhang Shengmei. The first and second law analysis of spark ignition engine fuelled with compressed natural gas [C]. SAE Paper 2003 - 01 - 3091，2003.

[80] Jin Kusaka. A numerical study on combustion and exhaust gas emissions characteristics of a dual-fuel natural gas engine using a multi-dimensional model combined with detailed kinetics [C]. SAE Paper 2003 - 01 - 1939，2003.

[81] Ugur Kesgin. Study on prediction of the effects of design and operating parameters on NO_x emissions from a leanburn natural gas engine [J]. Energy Conversion and Management，2003(44)：907 - 921.

[82] Liu B，Hayers R E. Three dimensional modeling of methane ignition in a reverse flow catalytic converter [J]. Computers and Chemical Engineering，2007(31)：292 - 306.

[83] Vinay Kumar M L，Manmeet Singh Mavi，Lakshminarayanan P A，et al. Thermodynamic simulation of turbocharged intercooled stoichiometric gas engine [C]. SAE Paper 2008 - 01 - 2510，2008.

[84] Hassaneen A E，Varde K S，Bawady A H，et al. A study of the flame development and rapid burn durations in a lean-burn fuel injected natural gas S. I. engine [C]. SAE Paper 981384，1998.

[85] Manivannan A，Tamil porai P，Chandrasekaran S. Lean burn natural gas spark ignition engine — an overview [C]. SAE Paper 2003 - 01 - 0638，2003.

[86] Cho Haeng-Muk，He Bang-Quan. Spark ignition natural gas engines — a review [J]. Energy Conversion and Management，2007(48)：608 - 618.

[87] Medhat Elkelawy. A comprehensive modeling study of natural gas (HCCI) engine combustion enhancement by using hydrogen addition [C]. SAE Paper 2008 - 01 - 1706，2008.

[88] Aceves S M，Flowers D L. A multi-zone model for prediction of HCCI combustion and emissions [C]. SAE Paper 2000 - 01 - 0327，2000.

[89] Kong Song-Charng, Marriott Craiq. Modeling and experiments of HCCI engine combustion using detailed chemical kinetics with multidimensional CFD [C]. SAE Paper 2001 - 01 - 1026, 2001.

[90] Paitoon Kongsereeparp, David Checkel M. Novel method of setting initial conditions for multi-zone HCCI combustion modeling [C]. SAE Paper 2007 - 01 - 0674, 2007.

[91] Gong Weidong, Bell Stuart R. Using pilot diesel injection in a natural gas-fueled HCCI engine [C]. SAE Paper 2002 - 01 - 2866, 2002.

[92] Meyers D P, Bourn G D, Hedrick J C, et al. Evaluation of six natural gas combustion systems for LNG locomotive application [C]. SAE Paper 972697, 1997.

[93] 郑清平. 压燃式天然气发动机燃烧过程模拟计算和试验研究[D]. 天津: 天津大学, 2006.

[94] 沈国华. 火花点火天然气发动机燃烧过程的多维数值模拟[D]. 天津: 天津大学, 2007.

[95] 郑清平, 张惠明. 分隔室压燃式天然气发动机燃烧过程模拟[J]. 内燃机学报, 2005, 23(2): 124 - 130.

[96] Zheng Qingping, Zhang Huiming. A computational study of combustion in compression ignition natural gas engine with separated chamber [J]. Fuel, 2005 (84): 1515 - 1523.

[97] 郑清平, 张惠明, 等. 压燃式天然气发动机燃烧过程 CFD 模拟计算中若干问题的研究[J]. 燃烧科学与技术, 2006, 4(12): 345 - 352.

[98] 窦慧莉. 电控喷射稀燃天然气发动机的关键技术研究[D]. 长春: 吉林大学, 2006.

[99] 祝遵祥. 燃烧室形状对天然气发动机性能的影响[D]. 长春: 吉林大学, 2008.

[100] Huang Z, Shiga S, Ueda T. Effect of fuel injection timing relative to ignition timing on natural-gas direction-injection combustion [J]. ASME Trans. Gas Turbine and Power, 2003, 125(3): 465 - 475.

[101] Zeng K, Huang Z H, Liu B. Combustion characteristic of directive-injection engine under various injection timings [J]. Applied Thermal Engineering, 2006, 26(8 - 9): 806 - 813.

[102] 温苗苗. CNG 发动机工作过程数值模拟[D]. 武汉: 武汉理工大学, 2004.

[103] 周龙保. 内燃机学[M]. 北京: 机械工业出版社, 2000.

[104] 常思勤, 徐照平, 林继铭. 独立压缩、进气热力学参数可控的自由活塞发动机: 中国, CN10197985[P]. 2011 - 02 - 23.

[105] 林继铭, 徐照平, 常思勤. 新型独立压缩自由活塞发动机仿真研究[J]. 南京理工大

学学报,2013,37(1):101-106.

[106] 尹凝霞,常思勤.基于膨胀比的自由活塞发动机理想热力循环分析[J].农业工程学报,2013,29(11):37-43.

[107] 傅秦生.能量系统的热力学分析方法[M].西安:西安交通大学出版社,2005.

[108] Caton J A. A review of investigations using the second law of thermodynamics to study internal-combustion engines [C]. SAE Paper 2000-01-1081,2000.

[109] 宋君花,冒晓建,王都,等.压缩天然气发动机点火驱动的设计与研究[J].内燃机工程,2010,3(31):34-39.

[110] 尹凝霞,徐照平,常思勤,等.四冲程自由活塞天然气发动机原理样机的试验研究与分析[J],内燃机工程,2014,35(1):110-114.

[111] 董敬,庄志,常思勤.汽车拖拉机发动机原理[M].北京:机械工业出版社,1999.

[112] 刘梁.发动机电磁驱动配气机构的研究[D].南京:南京理工大学,2011.

[113] Cho Haeng Muk,He Bang-Quan. Spark ignition natural gas engines — a review [J]. Energy Conversion and Management,2007,48(2):608-618.

[114] Zimont V. Gas premixed combustion at high turbulence. turbulent flame closure model combustion model [J]. Experimental Thermal and Fluid Science,2000 (21):179-186.

[115] 尹凝霞,李广慧,谭光宇,等.一种动网格边界更新计算方法:中国,CNZL201610 694433.0[P]. 2020-05-15.

[116] Han Zhiyu,Fan Li,Reitz Rolf D. Multidimensional modeling of spray automization and air-fuel mixing in a direct-injection spark-ignition engine [C]. SAE Paper 970884,1997.

[117] Myoungjin Kim,Sihun Lee,Wootae Kim. Tumble flow measurements using three different methods and its effects on fuel economy and emissions [C]. ASME Internal Combustion Engine Division 2006 Spring Technical Conference,Aachen,Germany,2006.

[118] 田光明,常思勤.发动机进气及压缩过程工质运动强度度量的研究[J].车用发动机,2011(5):38-42.

[119] 许振忠,刘书亮,刘德新,等.滚流对火花点燃式发动机性能的影响[J].汽车工程,2001,23(4):247-251.

[120] Karim G A,Klat S R. The knock and auto-ignition characteristics of some gaseous fuels and their mixtures [J]. Journal of the Institute of Fuel,1966(39):109-119.

[121] Curry S. A three dimensional study of flame propagation in a spark ignition engine [C]. SAE Paper 630487,1963.

[122] Liang L,Reitz R D,Iyer C O,et al. Modeling knock in spark-ignition engines

using a G-equation combustion model incorporating detailed chemical kinetics [C]. SAE Paper 2007 - 01 - 0165,2007.

[123] Radu B, Martin G, Chirac R, et al. On the knock characteristics of LPG in a spark ignition engine [C]. SAE Paper 2005 - 01 - 3773,2005.

[124] Zhen Xudong, Wang Yang, Xu Shuaiqing, et al. Study of knock in a high compression ratio spark-ignition methanol engine by multi-dimensional simulation [J]. Energy, 2013(50): 150 - 159.

[125] Zhen Xudong, Wang Yang, Zhu Yongsheng. Study of knock in a high compression ratio SI methanol engine using LES with detailed chemical kinetics [J]. Energy Conversion and Management, 2013(75): 523 - 531.

[126] Zhen Xudong, Wang Yang, Xu Shuaiqing, et al. Numerical analysis on knock for a high compression ratio spark-ignition methanol engine [J]. Fuel, 2013(103): 892 - 898.

[127] 白云龙.直喷汽油机分层当量比混合气及废气稀释燃烧模式的研究[D].北京:清华大学,2011.

[128] 白云龙,王志,王建昕.分层当量比混合气抵制缸内直喷汽油机爆震的模拟[J].内燃机学报,2010,28(5): 393 - 398.

[129] 徐旭常,周力行.燃烧技术手册[M].北京:化学工业出版社,2008.

[130] Guo Chendong, Zuo Zhengxing, Feng Huihua, et al. Review of recent advances of free-piston internal combustion engine linear generator [J]. Applied Energy, 2020(269): 1 - 27.